# 衰退産業でヒット商品を生み出す4つの法則

高橋和江 TAKAHASHI KAZUE

幻冬舎MC

# はじめに

私は衰退産業といえるきものの業界に身をおいています。

日常着だったきものは、戦後、一気に洋服に取って代わられました。当時、きもの業界関係者はお先真っ暗だったと思いますが、業界は高度成長とともにきものをスペシャルな衣装と位置づけ、その価値を高めていくことに成功したのです。技術を凝らして新たな高額商品を生み、人々の物欲を刺激しまくり、着付けを許状方式で高みに上げ礼法と絡め、たしなみやしきたりと結びつけることで業界は沸きに沸きました。しかしその結果、業界はきものを「売るもの」「所有するもの」にしてしまいました。「お客さまは必ずきものを買ってくれる」「日本人女性なら、きものをもっていて当然」という夢から覚めたとき、きもの産業は坂道を転がるように衰退していったのです。

私がこの業界に入ったのは１９８０年代前半、バブルがはじける前でした。例えるなら、ジェットコースターがてっぺんに差し掛かる前、ローラーがカツンカツンと音を立て、頂点目指して力の限り上りきる前の時期です。そこから、きもの産業が滑るように落ちていく様を、私は見続けてきました。

「きもの離れ」の原因はさまざまだと思いますが、私は自身の仕事のなかで解決できる要因はできるだけ取り除きたいと考えました。母の代から京染《きょうぞめ》悉皆屋《しっかいや》（きものに関わるすべての仕事を見立て、京都の専門業者とつなぐ取次業）を営んできましたので、着るときのお手伝いはもちろんのこと、その技術の習得やメンテナンスの軽減など、私でもできる何かを求め続けてきました。その過程で、肌着をつくりたいと切望するようになったのです。これがメーカーとしてのスタート地点でした。

着てくださる方が抱くきものを汚す気がかりを取り除きたい。簡単に苦しくなく着てもらいたい。そのための商品をつくろうとコンセプトを固め、材料選びから試作品づくりに没頭しました。そして、きものを守るためには速乾性と吸水性、さらには防水性も大切だと確信し、身頃に化学繊維を採用、汗をかきやすい場所には防水布を施した和装肌着「満点スリップ」を開発したのです。

伝統や固定観念にとらわれている多くの業界関係者やユーザーは、「和装肌着の素材は綿でなくては」と言って満点スリップに拒否反応を示し、時には批判もしました。〝見たことがない新商品〟であった満点スリップが認知されるまでに時間はかかり、発売から３年間は売上が低迷し、積み上がる在庫の山を見て不安にさいなまれる日々も過ごしました。しかし、汚れからきものを守ること、お手入れをグンと楽にしたことなどで、多くの方々にご愛用いただき、徐々にヒット商品となりました。

ユーザーの役に立つ商品をつくれば、必ず認められ売上は伸びる。そんな手応えを強く感じ始めていた２０１１年３月11日、東日本大震災が起きて私の会社は大きなダメージを受けました。海から１・５キロメートル離れているにもかかわらず、津波で２メートルも浸水してしまったのです。震災の翌日、出張先から一日中車を飛ばし、真夜中にたどり着いた気仙沼は、重油混じりの海水でドロドロになっていました。まるで映画のスクリーンのなかにいるような非現実的な光景でした。私は生涯、あの光景を忘れることはないでしょう。正直二度と立ち直れないのではとも思いました。しかしその後、店の再開を待ち望んでくださるお客さまの、きものへの想いが私を再起へと奮い立たせました。

たくさんの方々の助けによって、私が経営する「有限会社たかはし」はV字回復を果たしました。震災による5000万円の欠損は、わずか4年で返済することができました。そしてその後、売上は震災前の4倍を計上するようになりました。


私はものづくりの天才ではありませんし、完璧な戦略を描いてから商品開発に取り組むタイプでもありません。失敗を繰り返しながら目の前の課題に対して泥くさく必死で食らいつくことが偶然、ヒットにつながったという気持ちはあります。ですが、単なる運の良さだけだったかといえばそれも違うとはっきり言える軌道があります。今振り返ると、私が無我夢中で進めてきた仕事のやり方には、ほかの衰退産業の企業でも十分に活用できるノウハウが含まれていると感じています。

経営者の皆さんに伝えたいことがあります。それは、「古い体質の業界、衰退産業ほど、イノベーションの余地は大きい」ということです。ＩＴ業界など新技術や斬新な経営手法が次々と生まれるような分野で改革者・パイオニアになって大きな利益を生み出すのは大変です。ところがきもの業界のようにＩＴ化も進まず新規参入者がほとんどいない業界なら、ヒットを生み出すチャンスは十分にあります。また、遅れている業界だからこそ、何かが取り残されているはずです。それに気づけば容易にイノベーションを実現することが可能なのです。

この本では、私が商品開発・販売を行うなかで体得してきた、ヒット商品を生み出す４つの法則について、お話ししようと思います。これらが斜陽産業・伝統業界で赤字経営から抜け出せずに悩んでいる経営者の皆さんの新商品・サービス開発のヒントとなり、さらに前に進むための勇気を与えることができれば、私にとってこれほどうれしいことはありません。

# 衰退産業でヒット商品を生み出す4つの法則　目次

[第3章]　法則②　試作百遍！　手持ちリソースを総動員して
ユーザーが求める商品を極限までつくり込む

## ［第4章］法則③　既存の販売ルートにとらわれず、自社商品のメリットがユーザーに確実に伝わるルートを見つける

［第1章］

# 「時代遅れ」＋「非IT化」＋「新規参入がない」業界ほど改革後の伸びしろは大！

## きもの産業は新規参入する企業もほとんどない衰退産業

皆さんは「衰退産業」に、どんなイメージをもっているでしょうか。

衰退している業界は、世の中にいくつもあります。例えば印刷、出版、広告、映画業界。カメラ業界もその一つでしょう。一般社団法人カメラ映像機器工業会（ＣＩＰＡ）の「デジタルカメラ統計」によれば、２０１０年のデジタルカメラ総出荷台数は約１億２１４６万台でした。ところが２０１９年には、約１５２１万台とほぼ８分の１にまで落ち込んでいます。背景にあるのは、スマートフォンの普及です。２００７年のｉＰｈｏｎｅ登場後、デジタルカメラではなくスマートフォンで撮影をする人が急増しました。その結果、特にコンパクトデジタルカメラの売上が落ち込み、カメラメーカーは苦境に陥っています。

百貨店も衰退産業だといえます。数十年前の百貨店は、豊富な品揃えで消費者にワクワク感を与える特別な場でした。ところが、インターネット利用者が増えてあらゆる商品がネット通販で買えるようになり、百貨店の優位性は失われました。一般社団法人日本百貨店協会の「全国百貨店売上高概況」によると、２０１０年における全国百貨店の総売上高は７２４６億円余。しかし２０１９年には、６４０４億円余となっています。こうした流れを受け、各地で採算のとれない百貨店が閉店していることは、ニュースでご覧になったことがあるのではないでしょうか。また、新聞業界や出版業界も、インターネットで情報が得られるようになって売上を減らしている業界の一つです。

これに対し、市場規模を拡大している「成長産業」もあります。代表格はＩＴ業界でしょう。矢野経済研究所の調査によれば、２０１１年度の国内民間ＩＴ市場規模は10兆６３９０億円でしたが、２０１９年度には12兆８９００億円となっています。フードデリバリー業界やインターネット広告業界、介護福祉業界なども成長産業に含まれます。

私が身をおくきもの業界も、衰退産業です。あとで述べるように、現在の市場規模は最盛期の６分の１以下に過ぎません。また、昔からのしきたりに縛られ、ＩＴ化は進まず、Ｍ＆Ａなど一部のケースを除けば新規参入する企業もほとんどないまさしく衰退産業です。

ディーエムソリューションズが２０１９年に行った調査によれば、これまでにきものを着たことのある人は53・６パーセント。これは、10代から70代を対象にした調査なので、きものになじみのない若者の間では、きものの着用経験率はさらに低いと予想されます。

きものをもっていない人も増えています。同じくディーエムソリューションズの調査によれば、きものを着たことがある人のうち、なんと73・6パーセントがきものを一枚ももっていないと答えています。

きものが女性にとって「たまに着るスペシャルな衣装」で、もっていることがステータスシンボルだった時代は明確に過去のものです。もっている多くの人にとっても、「めったに着ない、箪笥の肥やし」になっているのです。

## きもの産業はなぜ衰退したのか

ではここで、きもの産業の衰退の道筋を、データを引きながら説明していきたいと思います。

昔は、日本人の日常着がきものだったことは皆さんご存知のとおりです。明治以降、西洋文化が流れ込んできたことと、戦争を挟んで一気に洋服化が進むなかで日常着としてのきものは衰退しました。しかし、これが今のきもの産業の衰退の理由ではありません。きもの産業は戦後の高度成長期に、きものを女性のステータスシンボルへと押し上げました。これにより、「特別な日に着る特別な衣装」と位置づけた高級なきものをどんどんつくり出したのです。

女性が家事の一環として洗いも仕立ても家の中でこなし、日常着としてきものを着ていた時代から、まだ100年も経ってはいませんでした。ですが、衣類が一気に洋服化し、そのまま衰退してもおかしくないのに、きものは見事に復活。ブランディングに成功したからでしょうか、シャネルやルイ・ヴィトンの商品を買う感覚で、たくさんの女性が高級きものを買いまくったのです。

当時の日本は高度成長期、経済大国でした。高いお金を出して高級きものを買いあさる人々のおかげで、きもの業界は我が世の春を謳歌したのです。当時はそれでも問題はなかったのです。

潮目が変わってきたのはバブル崩壊の少し前、1980年代半ばくらいのことです。

1959（昭和34）年生まれである私の世代にとって、結婚式などの冠婚葬祭にはきものを着て参加するのが常識でした。また、結婚を控えた女性はお花やお茶など何かしらのお習い事をするのが一般的で、黒留袖や喪服、訪問着などきもの一揃いを「嫁入り道具」として準備するケースが多かったのです。特に気仙沼のような田舎では、和箪笥1棹がいっぱいになるくらいは用意しないと恥ずかしいという意識が、私たちの親世代には強く残っていました。

ところが、私より数歳年下の世代から、そうした意識は徐々に変わっていきました。一般家庭ではきものを普段着として着る習慣がなくなり、きものを自力で着られる人がどんどん減っていきました。また、冠婚葬祭で洋服を着る人が増えたこともあり、高級きものはますます箪笥の肥やしになっていったのです。

都会の狭い居住空間で生活している女性などにとって、きものは収納場所をとる厄介ものになりつつありました。「着る機会もないのに、たくさんのきものをもっていても意味がない。そもそも、狭い部屋に大きな和箪笥を置くのは邪魔」と考えるのは当然で、家具などもて余すようになり、邪魔にならない現金が嫁入り道具の主流になりつつありました。衣食住のすべてが激変したのでした。

## かつての「2兆円産業」が6分の1に減少

こうした傾向が続いた結果、きもの業界の市場規模は徐々に小さくなっていきました。きもの業界は、俗に「2兆円産業」といわれ、業界がピークを迎えた１９７４〜１９７５年の市場規模は約1兆８０００億円から2兆円とされていました（全日本きもの振興会ホームページより）。ところが、きものと宝飾社の調査によれば、２００７年には５０００億円を割り込み、２０１８年には２８７５億円と過去最低を更新しています【図1】。40年弱で、市場規模は6分の1以下になった計算です。

こうしたなか、きものに関わる企業の多くは厳しい状況に追い込まれています。例えば２０１７年には、きものスクール「装道礼法きもの学院」を全国展開していた装いの道が、民事再生法の適用を申請しました。また２０２０年には、リサイクルきもの店「たんす屋」を運営していた東京山喜が民事再生法の適用を申請しています。どちらも、きものに関心が薄い人ですら耳にしたことがあるほどの有名スクール・有名店でしたが、あっさり

［図１］着物小売市場規模推移

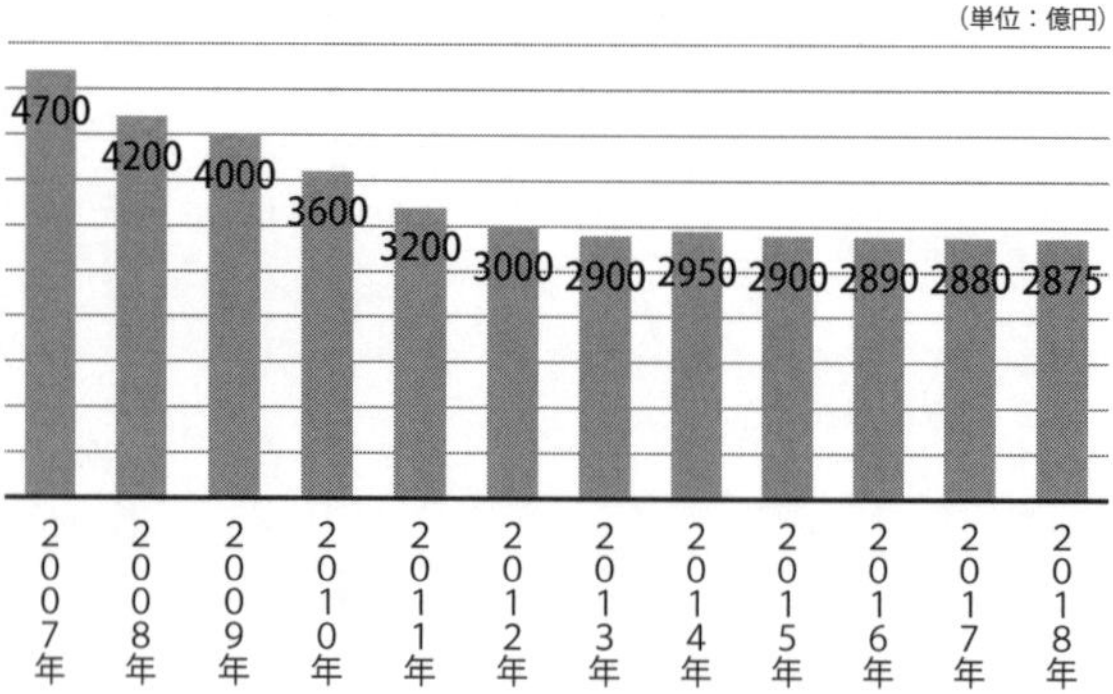


（きものと宝飾社の調査 2019年）

と破綻してしまいました。ほかにも、たくさんの企業が倒産の憂き目にあっています。

## 最盛期のきもの業界に足を踏み入れて感じたこと

宮城県気仙沼市で「有限会社たかはし」を経営している私は、業界最盛期の１９８３年からきもの業界に携わってきました。バブル直前できもの業界がまだまだ盛り上がっていた時期から市場が徐々に小さくなっていくまでを、この目で見てきました。

母が自宅の一室で「御誂京染たかはし」を創業したのは、１９６７年のことです。京染悉皆屋とは、「はじめに」でお伝えしたように白生地からの誂え、洗い、染め替え、お仕立てなど、きものに関わるすべて（＝悉皆）の仕事を見立て、京都の専門業者とつなぐ取次業です。お客さまのご希望やきものの状態などを総合的に判断し、必要な処置をご提案したうえで、洗い業者や染め上げ、仕立ての専門業者などとの仲介役を果たします。洋服でいえば、テイラー（仕立て業者）とクリーニング店を兼ねているようなもので、さしずめ、きものユーザーのすべての要望に応えるよろず相談所といったところでしょうか。

当時は、一部のご年配者を除いては、ほとんどの人は洋服が日常着でしたが、母がきものをなりわいにしていたこともあり、私の周りには常にきものがありました。母だけでなく祖父母も普段からきものを着て暮らしていましたし、石油会社で働いていた父も、仕事から帰ると背広を脱ぎ、きものでくつろいでいたものです。そして私も、幼い頃から日舞を習っていたこともあり、きものを着ることには慣れていました。

母が仕事と家事で多忙だったため、姉と私は小学生の頃から母の仕事を手伝っていました。当時のお小遣いは、月３００円。これではとても足りないので、私たちは1カ所30〜50円できものの刺繍をほどくアルバイトをして、お金をもらうのが常でした。家の手伝いをしてお金を稼いでいる同級生は、ほぼ皆無。子ども心に、「なんでこんなことをしなきゃいけないのかなあ」と不平を感じていました。ただ私は、きものの色彩美や絹の手触りがとても好きでした。今思うと、あの刺繍ほどきの現場が私の原風景なのかもしれません。

私がたかはしで働き始めた１９８３年当時、母はまだ50代前半で、子育てから完全に解放されてフルタイムで仕事をしていましたし、手伝ってくれるスタッフも２人いました。一方、跡取りであった姉が嫁いでしまったことで、私はピンチヒッターとして家業に入りましたから、まったくやりたい仕事ではありませんでした。ＯＬ時代に仲間を集めて始めていたアマチュア劇団に打ち込み、深夜まで稽古しては仕事中にあくびをし続けるような体たらくでした。今思うと、実に甘ったれた仕事ぶりだったと思います。年商はおそらく３０００万円程度と記憶していますが、それでも母と私、それに２人のスタッフを養うには十分でした。

私がたかはしに入った直後くらいの時期に、お店できものや和装小物の展示会を催したことがあります。そこはたくさんの来場者が押し寄せ、ものすごい熱気に包まれていました。私はごった返す人々をかき分けながら、「きものって、たいして着もしないのにこんなに関心をもたれているのかなあ?」と不思議に感じたのを覚えています。

たかはしは呉服屋とは一線を画したきもの業でしたから、展示会は年1回のみで実に地味な商いでしたが、一般の呉服屋は、それは華やかな印象でした。新聞の広告からは頻繁に作家展を催している様子がうかがわれました。数百万円もする人間国宝の方のものから、よく分からない似非《えせ》作家のものまであったように思います。どのお店もきっとそれなりの売上があったはずですが、私は業界の先行きにぼんやりとした不安を感じるようになりました。誰も着ていないきものが、売れ続けるわけはないと……。

## 伝統にあぐらをかいたために衰退の一途をたどることに

最も疑問に感じたのは、ほとんどのきもの業界関係者にユーザー視点が欠けており、「殿様商売」に陥っていることでした。例えば当時の呉服屋では、販売するスタッフや男性経営者はもちろん、女将さんですらきものを着ていませんでした。市販の洋服か、せいぜい自店で販売しているポリエステル製丹後ちりめんのジャケットといったところでしょうか。たかはしも、母はいつもきものを着ていましたが、かくいう私も日常的には洋服が主流でした。とにかく忙しく、「肉体労働をするには洋服のほうが便利」という理由もあったように思います。それでも、仕入れのときなどにきもので行くと「へえ、今どききものを着て仕事をしているのですか。偉いですねえ」と半ば感心し、半ばあざ笑うような反応がよく返ってきました。彼らにとってきものは着るものではなく、単なる売り物に過ぎなかったわけです。ユーザー視点が欠けていたのは売り手だけでなく、作り手も同じでした。私は仕事を通じて問屋やメーカーと触れ合うたびに、彼らがきものは着るものだと認識していないことに衝撃を受けたものです。

京染悉皆屋の役割は、きものに関する幅広い相談に応えることです。ですから私たちは、日々の業務を通してお客さまと密なコミュニケーションをとり、リアルなご要望を肌で感じることができます。そのため、特に若い世代のなかできもの離れが進んでいることを、私はバブル崩壊前の早い段階から気づけていました。一方、小売機能をもっていないメーカーや問屋は、ユーザーの生の声を聞くまでに長い時間がかかってしまうという事情はあるでしょう。たとえ仮に早いタイミングで市場規模の縮小やユーザーのニーズの変化に気づいていても、商品がバンバン売れていたほとんどのメーカーや問屋は、方向転換するわけにはいかなかったのかもしれません。結果、ユーザーに寄り添う視点をもちにくかったのだと思います。

　また、この業界にはユーザー視点になりにくい流通の問題もあるのです。例えば、蕎麦を打っている職人さんに「この蕎麦は何分ゆでると食べ頃になり、どのくらい保管がきくのか」と質問したら、すぐに正しい答えが返ってくるでしょう。それは自身もそばを食べているからです。ところが当時のきもの業界では、そうした「当たり前」が機能していないと後になって分かりました。自身もメーカーとして外に出るようになって、さまざまな工房を訪ね歩いていた時期のことです。自社製品の着心地や使い込んだあとにどうなるかとお聞きしても、実際に着用したり、いじめて製品の劣化度合いを試してみたりしているところは本当に少なかったのです。問屋や中次ぎからの注文どおりに商品を生産してさえいれば商売になったのですから、メーカーにはそんなことをする必要がなかったのです。

また、高級路線を走っているのですから現場で着ていたら仕事にならず、お店だけでなくお客さまもあまり着ないわけですから、着用した感想も入ってきにくい状態だったと想像します。こうして着るためのものから売るだけのものになっていたため、お客さまが商品を使っている場面を、想像すらしていなかったのです。

## 女性ユーザーを顧みない「男社会」が受けた報い

きもの離れが進んだ原因は、いくつもあるでしょう。そしてその一つが「洋服に比べて着るのが面倒」であることは皆さんもご存じのとおりです。

きものを格好良く着るテクニックに、「補整」というものがあります。女性の方なら、成人式や卒業式などできものを着たとき、腰回りにタオルなどを巻いた経験があるかもしれません。あれが「補整」です。なぜ補整をするかというと、きものをしわなく、きれいに着るためです。洋服は体の曲線に沿った形で仕立てられていますが、きものは乱暴にいえば、平らな布を体に巻き付けて着るスタイルです。そのため、体の凹凸を少なくしてなだらかな円筒形にしなければ、余計なしわや緩みが生じて見栄えが悪くなってしまいます。

それでタオルなどを体に巻き、体型を寸胴に近づけるわけです。

昔から今ほど補整をしていたかといえば、そうではないと思います。なぜなら日常的な衣類でしたし、体型が今とは違うからです。身長、手足の長さ、ウエストのくびれなどは、着るものや生活スタイルの変化により、時代によって相当変わっています。日常着であった昔にも補整の考え方はありましたが、それはファッションとしてきものを着こなす術として、意識の高い女性の間で行われていたと考えられます。

また、きものの着方にも変化はありました。いちばん顕著に変わったのは「えもんの抜き方」かと思います。えもんとは後ろの衿のことです。日常着ではほとんど抜くことはなかったのですが、礼装としてのきものが一般的になってくると肌着の衿が見えてしまうという問題が起きてきたのです。

私は普段からきものを着ていましたし、お客さまから直接、ご要望を寄せられる機会も多数ありました。そこで、肌着のえもんの所をもっと大きく繰り下げてほしいと親しい小物問屋を通じて和装小物メーカーに、何度も進言していただきましたが反応はまったくありませんでした。

そのような要望が多かったら変わったかもしれませんが、当時の呉服屋にとっては肌着や腰紐などの和装小物は商材として考えられておらず、高額なきものや帯のサービス商品という位置づけだったかと思います。ですから、真剣にその性能を問う意識に欠けていたと思われます。

また、きもの業界における問題のなかに「男性社会特有の視点しかもたなかった」という点があります。どういうことかといいますと、きもの業界といえば「きものと帯」だけが思い浮かぶかもしれませんが、着付けをするためにはさまざまな小物や肌着を使います。ワコールをみてもお分かりのように、洋装におけるランジェリーはその重要性が洋服の台頭とともに認知されています。実は、それはきものも同じです。しかし、きものにおける肌着は、何十年もおざなりになっていました。これは男性では分からない部分だからです。結果、小まめな改善などされるはずもなく、ちっとも改善されないまま店頭に並び続けていました。ユーザーがきものから離れていった一因はこのようなところにもあると思います。

## 業界の衰退とユーザーのきもの離れは別問題

しかし、きもの業界にそっぽを向いたユーザーの心が、きものそのものから離れたわけではありませんでした。きもの好きの方は、新型コロナウイルスの感染拡大が続き、自宅で過ごす時間が長くなっている現状でも、きものを愛用しています。

きものECサイト「バイセルオンライン」がサイト利用者を対象に実施した調査によれば、緊急事態宣言後にきものを着る頻度が増えた人は7パーセント、変わらないと答えた人は36パーセントもいました。外に出る機会は明らかに減っているはずですが、4割以上の人は以前と変わりなくきものを着ていることになります【図2】。

外出自粛が続いたことで多くの人はストレスを感じていたはずです。そうしたなかでも、きものユーザーは数少なくなったきものを着る機会に、大いにおしゃれを楽しんだのではないでしょうか。また、この調査では、特別定額給付金（特別給付金）の10万円できものを購入した人が3割以上いたことも分かります。

## ［図2］バイセルオンライン利用者への
## コロナ禍のきものに関する意識調査

緊急事態宣言後、キモノを着る頻度はどのように変わりましたか

［SA］(n＝258)

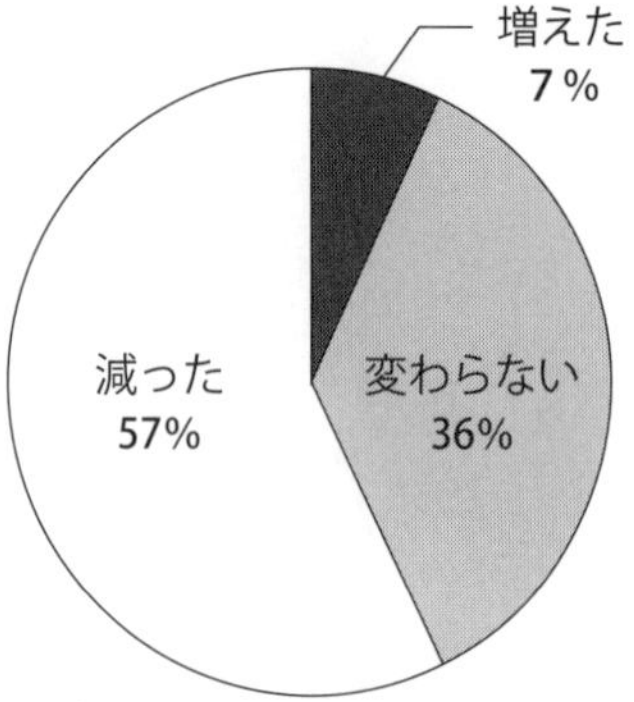


最後にキモノを購入したのはいつですか

［SA］(n＝267)

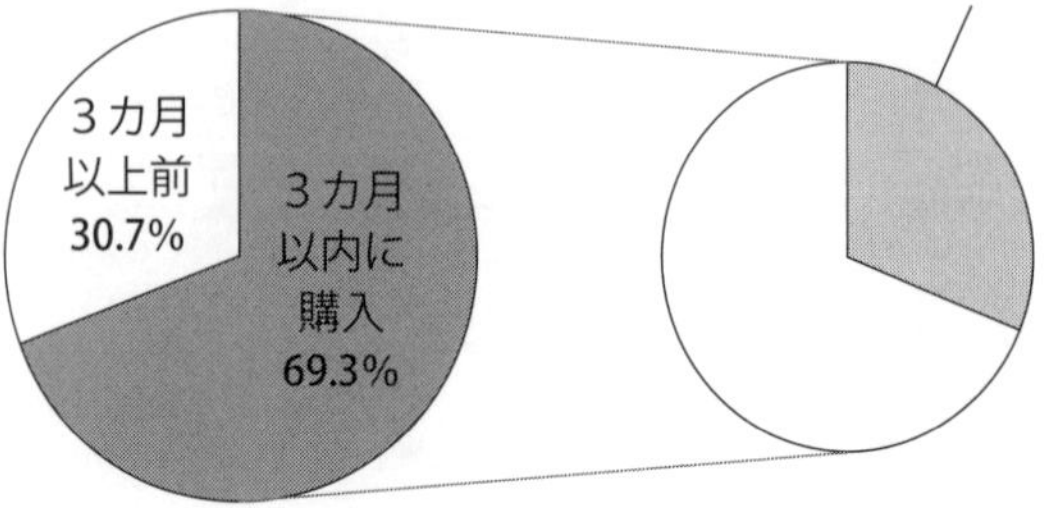


(株式会社BuySell Technologies 2020年)

きものには、気持ちをウキウキさせる力が秘められています。お客さまに寄り添い、きものにまつわる面倒くささや不快さを解消すれば、再び、きものを着てくれる方は増えるのです。

きもの業界に限らず、ほかの業界でも同じことが起こり得ます。業界の衰退とユーザーの商品離れは必ずしも直結するものではありません。伝統産業ならなおさら、古くからその商品を大事に思ってくださっているお客さまがいらっしゃるはずです。もちろん、きものが日常着に戻ることはないと思いますが、今のユーザーのニーズに応えていけば、今より悪くなることはありません。きもの産業が下げ止まっているのがその証拠です。私はきものがそんなに好きではないまま2代目を継いだのですが、それでも生まれたときからきものはそばにあり、私にとって家族のような存在でした。「好き」以前に「あって当たり前」の存在です。きものを過去の遺産のような古ぼけた存在にしたくない気持ちが湧き上がる一方でした。

## 先代から引き継いだやり方の検証から始める

2代目になった私には、強い危機感がありました。きものを「普段、着るための実用品」ではなく「所有することにステータスを感じ、箪笥にしまわれるだけの贅沢品」と位置づけて売るという業界のやり方は、もう限界だと感じていたからです。かといってどこから手をつけて、どこに向かえばよいかはまったく分かりませんでした。そしてまずは、一人でも多くの方にきものを着ていただけるようにするため、従来のやり方を変えなければならないと思い立ちました。そこで、まず手をつけたのが「先代である母のやり方が正しいのか検証する」ということでした。

母の経営方針は、ひとことでいえば「身の丈経営」でした。石油会社に勤めていた父の収入があったため、必要以上の利益は求めていませんでした。売上が良過ぎたときは、お店を閉めていたほどです。また、無借金経営を貫き、手元にある現金以上の仕入れは決してしませんでした。

同時に、母のスタイルは受け身でもありました。母も私と同様に、世間で「きもの離れ」が進んでいることは感じていましたが、それについて対策を立てたりはしなかったのです。今、ひいきにしているお客さまだけを見る。そして、あまりに手間のかかる仕事はしない。母はそんな基本方針で仕事をしていました。

私は、母のやり方では商いとして続かないと考えました。きものを着る人が少なくなれば、それに伴って悉皆屋を利用する人も減ります。だから、きものを日常的なものに再び戻すため、着やすくするための工夫や、きものを楽しくする提案に取り組まなければならないと考えたのです。そのためには、宣伝や商品開発費に積極投資をすることが欠かせないとも考えました。

母が創業した当時のきもの業界では、住み込みで家事などを手伝いながら店の仕事をする丁稚《でっち》が、当たり前のようにいました。業界全体が古い体質で、しかも気仙沼は田舎だったので、丁稚奉公のような前時代的なやり方が生き残っていたわけです。しかし、それでは優秀なスタッフを雇用し、働き続けてもらうことは不可能だと母を説得し、さまざまな社内制度を整えました。例えば、給与体系や福利厚生の仕組みを整えたのは私の代になってからです。そして、たかはしは１９９０年、「有限会社たかはし」になりました。目的は、私を含めた従業員たちが厚生年金をもらえるようにすることでした。

店舗を改装したのも、母から経営を引き継いでからしばらく経った頃です。それまでのたかはしは、外から見ただけでは何を扱っている店なのかまったく分かりませんでした。そこで、外から店内がよく見えるようなつくりにして一見さんが入りやすい雰囲気に変え、かつ、入り口の近くに女性が好みそうな雑貨類を飾りました。こうしたことで、お得意さま以外のお客さまにも、気軽に足を運んでもらえるようになったのです。

## 「お客さま視点」を徹底追求した「きものの丸洗いサービス」

私は法人化や社内制度の改革、店の改築といったハード面だけでなく、商品やサービス内容というソフト面でも、母のやり方の見直しを進めました。

母は、きもの業界が好況だった時代のビジネスしか知りませんでした。そのため、手間のかかる商売は敬遠気味だったのです。例えば、悉皆屋にとってきものの丸洗いやしみ落としはメイン業務です。しかし母は、「きものの更生より、新しいものを売るほうが早い」と言い、丸洗いやしみ抜きのメンテナンスは面倒なお仕事と敬遠していました。バブル期で金に糸目をつけないお得意さまばかりだった頃なら、それでもよかったのかもしれません。しかし、きものにお金をかける人がどんどん減る時代に、そんなやり方が通用するはずがありませんでした。

そこで私が力を入れたのが、きものの丸洗いサービスでした。

たかはしに丸洗い（ドライクリーニングに「汗取り」などの工程を加えたもの）を頼むのは、一般のお客さまだけではありません。時には街のクリーニング店から、「クリーニングに失敗したきものを、そちらで更生してほしい」と依頼が入ることもあります。なぜなら、一般的なクリーニング店は洋服に関する経験は豊富にもっているのですが、きものを洗い仕上げるためのノウハウは決して十分ではなかったからです。

高度な技術を必要とする洗いのなかで、特に重要なのはプレスなどの仕上げ方法です。袷のきものは表と裏の収縮率に違いが出たりしますが、それをプレスの段階で修正するのです。また、きものには縫い目を隠すための「きせをかける」という縫製技術があり、縫い目に布が被っているように仕上げているのですが、そのきせをつぶさないようにプレスするのがとても重要なのです。このあたりは洋服では求められない技術ですから、一般的なクリーニング店にとっては習得が困難です。

私の店は京染店ですから、当然、京都にある悉皆屋を経由して専門業者に外注しています。ところが当時、彼らはきちんとした料金表をもっていませんでした。決まっていないといったら語弊があるでしょうか。当時の私には極めていい加減に思えたのですが、手のかかりようで価格が変わってくるのです。例えばしみ抜きですが、どんなに小さくても時間がかかれば高くなり、大きくても簡単であれば安い。それは仕方のないことだとして、「洗い張り」というものの価格が変わるのは納得できませんでした。なぜ変わってしまうのかを突き詰めたところ、仕上げに手間がかかったなど、確かに理由はありました。しかし、それをいちいち説明せずに変えるのは、ユーザーの立場で考えれば不信感につながることだと感じました。

きものを1着丸洗いに出すと、1万円くらいかかります。きものを扱う業界関係者にとっては、1万円はたいした金額ではないかもしれません。しかし一般のユーザーにとって、1万円は大きな金額です。もし丸洗いが済んだあとで、「今回の代金は1万円ではなく、2万円いただきます」などと言われたらたまったものではありません。私なら、二度ときものなんて着るもんかって思うかもしれません。少なくとも、そのお店にはもう二度と行きたくないと思うでしょう。

こうした事態を避けるためには、まず、お店のなかできちんと作業を見分けられる目をもつことが重要でした。お見立てしたその場で概算を出すことが必須で、しかもお客さまにお話しした見積もりより高くならないことも欠かせません。そのためには、見立てるための眼力を養う必要があります。私は必死で勉強しました。時には見立てを外すこともあり、そのときは損をしても約束した金額で納めることを徹底しました。そのうえで、判断のつかないものは現物を送って、直接見て「先見積もり」を出してもらうという、両方が慎重に対処することが必要でした。場合によっては作業途上で予想より手間がかかったため、追加料金が欲しいというケースもあります。そのときは事前に連絡をもらい、お客さまに聞いてから作業に入るようにしなければなりません。お客さまが納得できないお金は受け取ってはいけないのです。その細やかな対応が信頼をいただくためにはとても重要だということをお話しし、「先見積もり」をもらえるようになるまで数年かかりましたが、価格のことでお客さまから叱られることはなくなっていきました。

他業では当たり前の「きちんとした料金表を用意し、その料金で仕事をやり終える」ということは最低必要な条件で、今ではどこのお店でも当たり前に行われるようになっています。

いずれにせよ、私はさまざまな場面で、業界よりお客さまのほうを見て仕事をすることを徹底しました。母からはその都度、強く反対されたものです。「そんなことまでやっていたら、面倒で仕方がない」というのが母の主張でした。

私自身は、本当は母の何倍も面倒くさがり屋です。ただ、たとえ楽であっても、お客さまに喜んでいただけない仕事はつまらないと思っています。商品やサービスを買っていただき、お金を得ることは当然うれしいのですが、それ以上に、お客さまに笑顔になっていただくほうが喜びです。

## 古い業界ではヒットへのハードルは意外に低い

私はこれまでに、数々の「きもの業界初」を実現してきました。例えば、問屋に卸すのではなく直接卸の道を選んだことや、肌着の試着サービスを導入したことは、どちらも、それまでに例のない取り組みだったと思います。また、私の会社にとって初めてのヒット商品となった満点スリップは、顧客が喜ぶはずの商品を生み出すという発想で開発をしました（第2・3章で詳述）。当時のきもの業界はどの会社も売り手・作り手側の視点でものをつくり売っていたように思います。初めはきっと顧客視点に立ったものづくりだったはずですが、時代の流れに敏感ではありませんでした。伝統産業の落とし穴だと思います。ただし、私のやり方はあくまで「きもの業界初」で、「日本初」ではありませんでした。例えば肌着の試着サービスは、すでにアパレルの下着メーカーが行っていました。私たちが和装業界でなかったら、業界のパイオニアではなく、単なる二番煎じ、いや二番煎じでもない単なる当たり前と見なされたはずです。

新しい取り組みが次々と生まれるような業界でパイオニアになるのは、難しいものです。一方、古くさい常識に縛られている業界なら、イノベーションを起こしてヒット商品を生み出すまでのハードルは意外に低いといえます。

古い業界には、頭が固く、革新的な取り組みに対してとにかく反対し続ける人がいます。私も、新たな取り組みを始めたときには、業界関係者から嘲笑をあびました。当時は正直言って、気持ちが揺れたこともありました。しかし、徹底した顧客視点でものづくりに取り組み続けたことで、お客さまからは徐々に評価されました。また、業界を改革したいという志をもっているほかの経営者からも支持されたのです。

きもの業界は、時代遅れでＩＴ化などの取り組みがなされていない業界です。しかし、こうした場所にこそチャンスがあり、小さい努力でイノベーションが可能なのです。私の会社では２００５年に新発売した和装肌着「満点スリップ」をはじめ、数々のオリジナル商品をヒットさせてきました。そして、20年前には５０００万円程度だった年商は、２億円を超えるまでになったのです。

［第2章］

法則①

# 異業界の商品開発・販売方法から、自社商品に置き換え可能なアイデアを探し出す

ここからは、私が日々の試行錯誤から生み出した「ヒットの法則」をご紹介していきます。この法則は、同じような特徴をもつほかの衰退産業に共通するものだと確信していますので、私と同じように「古い業界で悪戦苦闘している同志」である経営者の皆さんにお伝えしたいと思います。

## 「業界の当たり前」の否定から革新的な新商品は生まれる

法則①は、「異業界の商品開発・販売方法から、自社商品に置き換え可能なアイデアを探し出す」です。言い換えると「業界初のヒントは業界外にある」ということです。

皆さんの業界にも、昔から続いてきた仕事の進め方やビジネス上の常識、しきたりなどがあると思います。これらは、イノベーションを起こすうえで百害あって一利なしの存在だと思うのです。

ファッション通販サイト「ＺＯＺＯＴＯＷＮ」を運営するＺＯＺＯも、業界の「当たり前」に固執せず成功した企業の一つです。同社が衣料品通販事業を始めた当時、「インターネットで服は売れない」というのが常識でした。ネット通販では試着ができないため、届いた商品を着てみると、サイズが合わなかったりイメージと違ったりするケースが起こりがちだったからです。ところがＺＯＺＯＴＯＷＮでは、他社に先がけて返品サービスを導入してユーザーの不安を払拭することに成功しました。また、ファッションコーディネートアプリ「ＷＥＡＲ」などを活用したりすることで、試着できない弱点を補ったのです。その結果、同社は年間売上高が１０００億円を超える大企業に成長しています。

私が防水機能のある和装肌着を開発できたのも、業界の「当たり前」に固執しなかったからです。なぜそれができたかといえば、それは、私に「固定観念」が少なかったからかもしれません。

肌着商品の製造に乗り出した当時、私はものづくりの素人でした。知識や経験はまったくなく、関係性が深い工場やメーカーも皆無でした。それだけに、余計な先入観にとらわれず、「こんな商品があったらいいなあ」という素直な発想で商品開発に取り組めたのです。

伝統産業・衰退業界ほど、イノベーションを阻む古くさい常識がはびこっているものです。また、そうした業界で長く経験を積み、多くの成功体験を得てきた人ほど、先入観に縛られて自由な発想ができない傾向があるはずです。そして、「時代や生活様式が変わったのだから仕方ない、どんなに努力してもヒット商品などつくれない」と諦めてしまうのです。

## 業界外での幅広い経験が新たな視点を育てる

では、古い常識がはびこる業界で革新的な発想をするためにはどうしたらいいでしょうか。私がお勧めしたいのは、今携わっている業界以外での経験をなるべくもつことです。

私は、若い頃に得たさまざまな経験が、商品開発に役立っています。その最たるものが演劇でした。

高校時代の私は演劇部に入り、そこで役を演じる楽しさに魅入られました。そして、大好きだった芝居を続けるため、東京の大学に入ることで上京しようと画策しましたが、本気で物事に取り組む気持ちがまったく欠けていました。ろくな勉強もせず、のらりくらりで、当たり前の不合格。両親の命じるとおり、私は好きでもない経理専門学校へ行くことになりました。父方、母方の実家はいずれも商家でしたから、両親は「経理でも学ばせておけばつぶしがきくだろう」という思いだったのでしょう。

経理にまったく興味をもてなかった私は、授業をサボり、アルバイトとアマチュア劇団での活動に没頭しました。最後は出席日数が足りず卒業できなくなりそうな状況にまで追い込まれましたが、なんとかギリギリで卒業。そして、仙台にある会社で働き始めながら、引き続き演劇活動に打ち込みました。

私は高校の部活動やアマチュア劇団で、いくつもの舞台を踏みました。そのとき、演じている自分自身を、別の自分が冷静に見るという「私が私から抜け出す感覚」を体験できたのです。このときの快感は、今でもよく覚えています。そして私は舞台上で、日常生活では味わえない高揚感を味わうことができました。

もともと商家気質な家に育ち、家には常に人が出入りしていましたから、接客に通じる立ち居振る舞いが意識するでもなく、身についていったということはあると思います。なんの取柄もない私でも、商売によって人から喜んでもらえる方法はいくらでもあると、なんとはなしに体に入れてきた気がします。舞台上から、観客の心が動いたと感じる瞬間の喜びは、「なにがなんでもお客さまに楽しんでいただく、そしてそれが私の幸せ」という思いを明確に教えてくれました。今の原点になっています。

## 視野を広げて学び続けることは貪欲に

業界外の経験が豊富な人ほど、従来とは異なる角度から物事を見られる可能性は大いに高まります。では、一つの業界だけでキャリアを積んだ人にイノベーションは起こせないのでしょうか？と言われれば、そんなことはありません。

例えば、趣味の世界で学んだことは仕事にも十分に活かすことができます。特に大切なのは、「ユーザーとしての見方」です。趣味の世界ではすべての人が、作り手・売り手ではなくユーザーの立場です。そこで「こんな商品・サービスがあったらいいのに」と考えた経験は、きっと本業に役立つでしょう。

また、業界外の人々と幅広く触れ合うことはとても有効です。経営者のなかには、取引先や同業者としか飲みに行かないという人が少なくありません。また、飲み友達は全員同世代という人もいるでしょう。しかしそれでは、ものの見方が一つの方向性に固まってしまいます。ですから、意識して他業界の人や歳の離れた人と交際するようにするのです。

私も、いい仕事をしたいと熱望し始めた30代前半から、商工会議所や法人会が開くセミナーによく足を運びました。片田舎であり、しかも子育て中の身、遠くに出かけることもできません。就業時間中で完結できる勉強の場はそのくらいしかありませんでした。つまらないと感じるものもたくさんありましたが、何か一つでも身につけるという気概だけはあったと思います。

そのなかで出会った先生のおかげで私は１９９５年頃から、経営者の学びの場「商業界気仙沼同友会」に参加しています。当時の私には経営の知識が欠けていたため、経営改革のヒントやノウハウを少しでも身につけたいという思いに駆られていました。この会では、同じ地域で活躍するたくさんの経営者と出会うことができました。彼らもやる気と行動力に満ち溢れ、私とは異なる業界で一所懸命、自身の商いを模索していました。そうした方々とご一緒したことで、私は大きな船に乗れた気がしたものです。一人で櫂を漕いでいたような気持ちから放たれたのを覚えています。彼らから刺激を得たことで、「私も経営者として成長したい」「この地域に貢献したい」という思いをさらに強く抱くことができました。

ほかにも、自分の幅を広げる方法はあるでしょう。それはそれぞれの出会いのなかで見つけていくことでしょうが、とにかくあがいてみる、求めてみることだけはすべきだと思います。

そうして視野を広げ学び続ける思いが、新たな発想力にもつながっているのです。

## 「伝統の継承にこそ価値がある」という考えは捨てる

歴史のある企業や業界には、長年にわたって引き継がれてきた伝統があります。しかし、伝統を過度に絶対視する態度はイノベーションの強敵です。もちろん、伝統そのものを否定するつもりはありません。長い月日をかけて継承されてきた伝統は、多くの人が関わって磨いてきたものです。それゆえに洗練されていますし、深みがあるものです。

例えば茶道には、「最後に茶室に入った人は、ピシッと大きな音を立ててふすまを閉める」というマナーがあります。これは、茶室の外で待っている主人（ホスト）に、すべての客人（ゲスト）が入室したことを知らせるのが目的です。お茶席と聞くと、参加者はずっと静かにしているというイメージがあるかもしれません。しかし実際には、参加者は必要な音を出すことで他者を気遣っているのです。マナーやルールは単なる形式ではなく、本質部分にきちんとした存在理由があるものです。

このように、伝統には長い月日をかけて洗練された美しさがあります。また、ものづくり系の企業であれば、長年にわたって継承してきた技術こそが競争力の源になっているというケースもあるでしょう。でも残り続けているもののほとんどは必ずといっていいほど、時代に合わせた変化をしています。お茶の作法もそのときの宗匠の手により、加えられたり削られたりして今があります。

歌舞伎の伝統的技法を守りながらも現代的な演劇の設備、テーマを採り入れた、スーパー歌舞伎の登場も良い例だと思います。

きもの業界にも、たくさんの伝統があります。例えば、きものの着方はその一つですが、どれだけ続けば伝統といっていいものなのでしょうか。ずっと昔から続いているように思われがちですが、時代の流れによってきものの着方は変わってきているのです。

絹織物業が産業として盛んになったのは、江戸時代です。それまではある程度身分の高い人でも、木綿製のきものを着ていました。そしてさらに前の時代には、ほぼすべての日本人が麻製のきものを着ていたのです。現代においてスタンダードとされている絹製のきものには、せいぜい200年あまりの歴史しかありません。また、現代において最もオーソドックスな帯の結び方である「お太鼓結び」も、江戸時代後期に発案されました。当時のお太鼓結びは、とても斬新で最先端のファッションだったわけです。

最先端ファッションでも、残るものと残らないものがあるはずです。それは何がそうさせるのかといえば「本物かそうでないか」ということなのでしょう。必ずふるいにかけられ、残るべくして残るのです。

きものの世界には、「きもの警察」などという言葉があります。これは伝統的なきものの着方に固執する人たちがそれにそぐわない人たちを取り締まるような言動を指しています。でも、思うのです。残るか残らないかで必ず答えが出るのですから人がジャッジするものではないと。互いを尊重し、奨励し合いたいものです。それでこそ、きものを楽しむ人が増えていくことでしょう。

10年ちょっと前、女優の蒼井優さんが主演していたコミックが原作の『おせん』というテレビドラマを見たことがあります。蒼井さんは老舗料亭の若女将役で、色鮮やかな銘仙（平織りの絹織物）のきもの姿がとても印象的でした。このドラマの放送からさらに10年ほど前くらいから、都会ではアンティークきもののブームが起き、きものを着る若い女性が増えていました。そしてあのドラマによって、その洗練されたアンティークブームは日本中に広がった気がします。

銘仙は、染め付けが面白い織物です。縦糸だけで図柄を表すことで安価なものづくりが可能になりました。使用する糸も安価なものを使用し、人絹と呼ばれるレーヨン素材も取り込みました。さらには世界中の意匠を図柄として、大胆でビビッドな色合いの柄をつくり出したのです。銘仙が盛んになった当時はセンセーショナルな話題を呼び、瞬く間に市場を席巻しました。テキスタイルとしても斬新なため、ブーツやタートルネックのセーターなどと合わせると、びっくりするほどおしゃれな装いになり、現代女性の好みにも合ったのでしょう。

銘仙も伝統のなかでのイノベーターです。伝統にこだわりすぎると、銘仙のアンティークきもののような新しいスタイルは生まれません。伝統は尊重しつつ、でも、果敢に新しい糸口は常に探し続けるというのがとても大切です。

## 不要なものを捨て去ると最も大事なことが見えてくる

私はコンプレックスの強い子でした。演劇に出会うまでは赤面症でしたし、幼い頃は思ったことを言葉に変換することが苦手でした。演劇との出会いで相当自分を表現する術を覚えたものの、いつもどこかにフラストレーションがたまっている感覚からは逃れられずにいたのです。ところが、そうした生き方を否が応でも変えなければならない出来事が起こりました。それが、離婚でした。個人的なことですが、私の経営における思考の転換に大きく影響を与えた出来事ですので、お話しさせていただきます。

私は25歳のとき、同級生と結婚をしました。相手は長男で私も跡取りでしたが、私の両親は婿を取っても遠くに行かれたのでは意味がない、嫁いでも近くにいてくれたほうがいいと言って嫁ぐことを許してくれました。結婚したことでやっと根を下ろしたような安堵感を味わったことを覚えています。どこかにあるフラストレーションから解放されたのはこのときです。生きていく道しるべが見えたからです。

三世代同居で子どもが生まれてからは四世代、そこに夫の妹も帰ってきたので、最後は9人の大家族。それなりに頑張り、それなりに幸せでした。ですが38歳のとき、訳あって私は夫と別れ、3人の子どもとともに家を出ました。私の結婚の目的は「ともに白髪の生えるまで添い遂げた先にあるものを見てみたい」ということでしたから、私の辞書に離婚の文字はなかったのです。ですから本当に苦渋の選択でした。人生の根っこを失ったような気持ちを後々まで引きずりました。また、気仙沼は田舎で、離婚した女性に対する風当たりは決して優しいものではありませんでしたし、格好の噂の的でもありました。私は、まるで温室から放り出された植物のように、世間の冷たい風に吹きさらされた思いでした。

自分の見栄や体裁、汚い思いもたくさん現れ出てきて、ゲボゲボと吐きました。その吐いたものを直視し、己の醜悪さに向き合うことはさらに心底つらい行為でした。自分の中にこんなにドロドロしている部分があるということを自分で認めなければならない拷問のような日々、果てしなく続くような恐怖。泣いてすがる拠り所もない孤独との戦い、身を切られるとはこういうことだと初めて味わった感覚でした。

ただ私は、心を閉ざして引きこもるわけにはいきませんでした。３人の子どもを育てるために懸命に生きなければなりませんし、従業員の生活を守るために商売をしっかり打ち立てなければと、匍匐前進するような思いで毎日を過ごしました。前を向くしかない、顔を上げろ、しっかり顔を上げろ、前を向いてさえいれば、分かってもらえるはずだと。そこで私は開き直り、覚悟を決めました。心の鎧を捨て去り、体裁を繕わず自分の素のままで生きることに決めたのです。そうしたらいつの間にか、周囲の目など気にならなくなっていたのです。

人は生きていくなかで、さまざまな「社会的衣服」を着込みます。例えば経営者の場合は、「会社を守り雇用を維持する経営者の役割」「先代の期待どおりに伝統を守る後継者の役割」「取引先と良好な関係を築く役割」といった衣服を何枚も着ているわけです。さらにその上にプライドや自意識を守る鎧まで重ねているのが普通です。しかしこれらの多くは、人生にとって不要なものだと、苦難の門をくぐったおかげでよく分かったのです。覚悟を決めたら何が最も大事なことかが見えてきます。

私は、離婚と東日本大震災の２回、社会的衣服やプライドを守る鎧を脱がざるを得ない状況に追い込まれました。でも、実際に捨ててみると、意外なほど気持ちが清々しくなったのです。生きる目的がはっきりと定まり、思い込みの枠組みから飛び出して自由な発想ができるようになりました。今では私の成長のためには必要不可欠な出来事であったと思っています。私の価値観も美学も極めてシンプルなものになり、余計なことを考えなくなったら、そういうシンプルな分かりやすい人ばかりが私の周りにいるようになりました。

自分が現在もっているものは、本当に自分の人生に不可欠なものか。それらを捨てることで、もっと発想や行動を解き放てないのか。それらを自らに問い直すことで結果、イノベーションに一歩近づけるのではないでしょうか。

## 「面倒くさがり屋」で「せっかち」な性格も商品開発に役立つ

私の会社の最大ヒット商品である満点スリップのアイデアが浮かんだのは、たかはしの経営改革が一段落した１９９３年頃のことです。

きものは着ているうちに、どうしても汚れてしまいます。口紅やファンデーションなどの化粧品が付くこともありますし、会食などの場で飲み物や食べ物がはねるケースもあります。なかでもいちばんやっかいなのが、汗などの体液汚れです。

冠婚葬祭などかしこまった場できものを着る機会は多いでしょう。こうした場ではただでさえ緊張しますし、そのうえ、慣れないきものを着ていることもあって、普段より汗をかきがちです。また、日常生活のなかできものを着ている方も、暖房の効き過ぎた店や部屋で汗をかくことがあると思います。さらに、卒業式や成人式できものを着る若い方や、更年期を迎えて月経不順に陥りがちな世代の女性にとっては、生理の経血も汚れの一因となり得ます。

こうした体液汚れは水分汚れに分類され、クリーニング溶剤では落ちません。水分汚れは水でなければ落ちないのです。そのため、技術力のある職人さんが手作業でしみ抜きをするのですが、脇汗じみなどを付けてしまうと、この費用が最低でも1万円はかかってしまいます。

私自身が日頃からきものを着ていましたし、お客さまから体液汚れの悩みを相談される機会もたくさんあり、少しでも解決策はないかと思案しました。そこでいろいろな問屋を探し歩き、きものに汗が付くのを防ぐ肌着を探しました。そして見つけたのが、あるメーカーがつくっていた汗取り用肌着でした。

私が実際に使ってみたところ、この商品は決して悪くありませんでした。ある程度の吸汗性があり、きものに付く汗の量をかなり少なくできたため、たかはしの店頭に並べて、汗じみのあるきものを持ち込んだお客さまにお勧めました。かなり販売したと思いますが、でも、すべてが完璧というわけにはいかなかったのです。かいた汗が許容量を超えると、結局はきものが汚れ、クリーニングに出さなければなりません。また、使い勝手にも不満がありました。この汗取り用肌着は単体では使えず、上に和装スリップを着なくてはならないつくりだったのです。

先ほどお伝えしたように、私は自他ともに認める「面倒くさがり屋」です。汗取り用肌着と和装スリップを2枚重ねするのは、あまりに面倒だと感じました。それに汗じみが付く場所はほぼ決まった場所なのだから、そこだけ防水してはどうかと考えだしたら頭からそのことが離れなくなったのです。これらを1枚にまとめた製品があったらと考えたのが、商品開発のきっかけでした。

商品に多少の不満を感じても、そのまま受け入れて使い続ける方は、おおらかでまめなのでしょう。それは日常生活においては美点かもしれませんが、こと商品開発においては短所なのかもしれません。少なくても私はものぐさだからこそ、商品開発につながりました。

もう一つのカギは「せっかち」です。

私は、きものを着られる方を増やす取り組みの一環として、自分で着付け教室も開いています。有名な着付け教室に通った経験がないため、教えているのは自己流で身につけたやり方です。ポリシーは、「できるだけ短時間で、きものがきれいに着られるようになる」。授業料を得ることではなく、あくまできものを着られる方を増やすのが目的ですから、許状式のほかの教室のように初級・中級・上級などの区分けをせず、全8回で身につけられるカリキュラムになっています。

なぜこういうポリシーにしているかといえば、それは私自身がせっかちだからです。私は、できるだけ短時間で結果が欲しいタイプ。きものを着るときも、最小の手間・最短の時間で着たいのです。ですから、肌着の枚数は1着でも減らしたいし、使う紐を1本でも少なくしたい。手を抜きたいから、そのための努力は惜しまないタイプなのです。そういう思いが、新商品のアイデアに活きています。

ほかの業界でも、私の発想法は役立つはずです。人一倍面倒くさがりでせっかちになり、もっと楽に、手間なく使える商品はないかと追求してみてください。それが、ユーザーが望む商品を生み出すヒントになるかもしれません。

## 成長産業の既存の取り組みは衰退業界では画期的

衰退している古い業界には一つ、メリットがあります。それは、積極的な成長産業のやり方を新しい取り組みとして導入することで、比較的容易にイノベーションが実現できることです。

その一つがフィッティング（試着）です。前にも触れましたが、アパレル業界では当たり前の試着サービスを提供する店が、きもの業界では皆無だったのです。私自身、たくさんの和装肌着や小物を買っては、体に合わず、箪笥の肥やしにしていましたから、自身の商品でそんな思いはしてほしくないと考えたのがきっかけでした。

この取り組みは、初めてデパートに出店した13年前から始めました。それまでのきもの業界では、肌着を試着させてくれる店など一つもなかったので、とても好評でした。アパレル業界という見本があったため、試着サービスを導入してもまったく問題ないという確信がありましたから、私にはなんの不安もありませんでした。

下着・肌着類を買うとき、試着を希望する方は少なくありません。人によって体型は千差万別。サイズ表では自分に合っているように見えても、実際に身につけてみると、意外とフィットしなかったというケースが大いにあります。それは、体型の違いのみならず、感覚の違いも大きいからです。まったく同じ体型の方に同じサイズを着用させても、片方はきついと感じ、片方はちょうどいいと感じる、などということはざらにあります。

下着売り場に陳列されているブラジャーの多くは、パッケージされていません。そのため、試着された商品はそのまま、売り場に戻せます。ところが、和装肌着は面積が大きいこともあり、1点ずつパッケージングされているのが普通でした。試着が済んだ商品をもう一度パッケージに戻して陳列しなければならないというのは、現実的ではありません。多くの和装企業で和装肌着の試着をさせなかった理由かもしれません。

私は、「お客さまは、和装肌着も試着したいと思っているはず」と考え、なんとか試着サービスを提供できないか模索し始めましたが、これについてはなりゆきにさからわず任せることで解決したのでした。いちばんのハードルは、適切にフィッティングすることができるアドバイザーの問題でした。

当時も今もそうですが、大きな催事や百貨店の場合、商品の貸し出しだけでなく必ず販売員を付けなくてはなりません。初めは私が一人でこなし、そのうちに気仙沼のスタッフを連れて行くようになりました。だんだんそれでも間に合わなくなってきて、東京や大阪など主要な催事先でアドバイザーを現地調達するようになりました。その過程で商品の特質を勉強してもらい経験を重ねてもらううちに、彼女らのフィッティング技術が向上したのはもちろんのこと、どんどん頼もしいビジネスパートナーとなり、今のたかはしを支えてくれています。これは狙ってそのような仕組みをつくったわけではありませんが、〝なんとかしなければ〟と真剣に考えるなかでの「ひょうたんから駒」だったのです。

ほどなく私の会社では、全商品・全サイズの試着用サンプルを無償で貸し出し、店頭に用意することが当たり前になりました。希望されれば、アドバイザーもセットで貸し出します。試着が済んだ商品は、その都度洗ってアイロンをかけます。手間やコストはかかりますが、お客さまの満足度を高めることが最優先です。

ネットショップが台頭してきてからは、インディーズショップのように自作の商品をダイレクトに売る手法はどの業界でもまったく珍しくなくなりました。しかし、自社で商品を開発・製造し、問屋を通さず自社店舗で売るという私たちのやり方は、当時のきもの業界では珍しいスタイルでした。直接の卸しはしていますが、中間業者への卸はいっさいしていないので取引先の顔が全部見えます。私の会社の特徴の一つである「店頭などで顧客ニーズをキャッチし、自社工場でつくり込みを行って素早く市場に提供する」という方法は業界では珍しい形でしたが、他業界でのビジネスモデルは、成功例が目の前にありました。それはユニクロです。ユニクロは私たちが製造業に乗り出す10年以上も前から、ＳＰＡ（製造小売業。企画、生産、販売までの全工程をすべてまかなうビジネスモデル）に乗り出して成功を収めていました。

このように、成長産業の既存の取り組みを古い業界に取り入れることは、かなり有効です。ゼロから斬新なビジネスモデルを発明するのは、とても難しいことですが、ほかの進んでいる業界のやり方を参考にするなら、ハードルは低いといえるでしょう。

## 画期的過ぎる商品ほどすぐには売れない

私は「理想の商品が欲しいなら、結局、自分でつくるしかない」のではないかと考えています。すでに述べたとおり、私は以前から、「汗などの体液がきものに付きにくくなる和装肌着が欲しい」と思っていました。そしてさまざまな商品を試した結果、ある企業が販売していた汗取り用肌着を見つけたわけです。ただし、この商品は私の望みに対して完璧なものではありませんでした。上に和装スリップを重ね着しなければならないのが面倒でしたし、一定量以上の汗が出ると、結局、きものに汗じみが付いてしまうのも不満でした。そこで私は、もっと良い商品がほかにないか探しましたし、いくつもの問屋に「どこかのメーカーに頼んで、こんな和装肌着をつくってもらえないか」とも頼みました。しかし、対応してくれた問屋は一件もありませんでした。

ユーザーが本当に求めるであろう商品が欲しい。その思いを突き詰めていった結果、私たちはものづくりに参入することを決めたのです。

きものに汗などの体液を付着させないためには、大きく分けて三つのアプローチがあります。一つ目は「吸水」です。前述の汗取り用肌着はこの考え方に基づいてつくられていました。肌から出た汗を肌着で吸い取り、きものに移るのを防ぐやり方です。これは考え方としてはいいのですが、汗が一定以上出て吸水力を上回ると、結局、きものを汚してしまうのが難点でした。

二つ目は「防水」です。汗を肌着がシャットアウトする構造なら、きものを汚すことはありません。ただし、防水にすると通気性は失われます。レインコートと同じ素材の肌着を想像してみてください。確かに汗はきものに付きませんが、中が蒸れて不快になってしまうでしょう。

三つ目は「速乾性」です。きもの愛好者にとって定番である綿を採用しなかったのは速乾性に劣るからです。防水していないところの汗がいつまでも留まっていれば、当然滲出していきます。それを防ぐためには速乾性がとても重要でした。

満点スリップは、抜群の吸水性と防水性を兼ね備えた防水布を、背中から裾にかけた部

**［図3］満点スリップの仕組み**

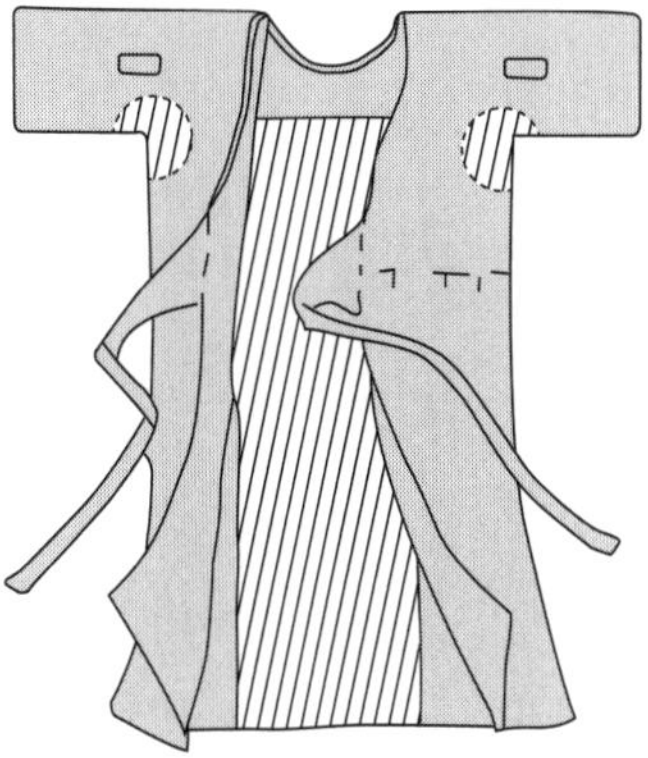



分と、脇の下部分に使いました。一方、それ以外の身頃には、通気性があって吸汗速乾性にとんだニット素材、スポーツウェア用の生地を採用したのです。これにより快適さを保ちつつ、きものを汗じみ汚れから守ることができるようになったのです。

内側から局部的に汗を防水する機能がある満点スリップは、画期的な商品でした［**図3**］。ところが、発売当初はまったく売れなかったのです。最初の数カ月は、1カ月に1～2枚売れるのがやっとで、お客さまに役立つ商品ができたと確信していた私は、大きなショックを受けました。でも、満点スリップのために特殊な生地を買うなど、５００万～６００万円ほどの初期投資をしていたため、後に引けません。失敗したらどうしようという不安で胸が潰れそうでした。

そこで私は、商業界気仙沼同友会を立ち上げるきっかけになった私たちの師匠である実業家の小熊覚三郎先生に相談をしました。

実はものづくりをしようと思ったときに真っ先に相談したのも小熊先生です。こんな商品をつくろうと思うと話した途端、先生は開口するなり「お前なんかな、儲けたくてやるんだろ。そんなもん、うまくいかないから、やりたかったらやってみろ！」と吐き捨てるように言われたのです。心底、ショックでした。いちばん頼りにしていて、私のことを分かっていてくださっていると思っていただけに、「ああ、私は先生からこんなふうに思われているんだ……。私のなにが先生にそう思わせたんだろう」と悲しい気持ちでいっぱいになりました。でもそのうち、だんだん腹が立ってきたのです。そんな卑しい気持ちじゃない、私は本当に必要なものをつくりたいだけだと。先生が言うような損得で考えていることじゃない！　先生への反発心が膨らむ一方で、何度も何度も自分に問いました。本当に私は私利私欲ではなく、ものづくりをしようとしているのかと。その気持ちに確信がもてたときに先生には黙って商品づくりに向かったのでした。

それでも出来上がったときには報告をしました。先生はそうかと言ったきり、それ以上は何もおっしゃいませんでした。それでも私は気にしませんでした。なぜなら、しっかり自分の気持ちを確かめ、確信をもってつくったのですから。

それからほぼ1年が経ち、ちっとも売れない状況にうなだれている私を見て、先生がこんな言葉を掛けてくださいました。

「パッと売れなくて、本当によかったなぁ。すぐに火がつく商品は、すぐに市場から消え去ってしまうものだ。お前は本当にいいと思うものをつくったんだろう？　本当にいいものってのはな、じわじわ売れてくるもんだよ。だからこれでいいんだ」と。ああ、やはり先生は全部見通していらっしゃったんだと、このとき初めて分かったのです。私の性格を見抜いて、先に活を入れてくれたのでした。

先生のおかげで、何度も掘り下げて自分を見つめる癖がつきました。なにかアイデアが浮かぶたびに、このときの思いに立ち返ってみるのです。少し妥協すれば簡単に商品化できそうな場合でも、このときの自分に嘘をつくことができないため、できる限りの努力は惜しまないという癖がつきました。このことはものづくりをするうえで非常に大切な出来事で、今があるのは先生のおかげです。

たかはしの商品は実績と信用のおかげで今でこそ、発売するとすぐに反応が出るようになりましたが、10年ほどはどの商品も売れ始めるまで3年くらいの時間を要しました。良い商品ができても、すぐに大きな売上が得られるとは限りません。信念を曲げずにじっと信じて待つことも、時には必要なのだと思います。

満点スリップを開発したことでもう一つ学んだのが、大きな反発を受ける商品ほどヒットの可能性を秘めている、ということでした。

業界の常識内に収まった商品なら、誰からも叩かれることはないでしょう。でも、そうした商品はある意味陳腐だともいえます。満点スリップが発売当初、バッシングを受けた理由は「和装肌着は綿１００パーセントが当たり前」という常識のなかで、ポリエステル綿を採用したり、局部的に防水したりするなど、あまりに常識外だったからです。

バッシングされるのは、それが過去に前例のない画期的な商品だからです。周囲からの雑音は応援だと、今なら前向きにとらえることができますが、そういう心境になると、なかなかそういった場面にも出会わないものです。何事も、おおらかに考えるに越したことはありません。

［第3章］

法則②

# 試作百遍！　手持ちリソースを総動員してユーザーが求める商品を極限までつくり込む

## 人とのご縁に感謝し、成功体験をともに重ねる

法則②は、「試作百遍！　手持ちリソースを総動員してユーザーが求める商品を極限までつくり込む」です。言い換えると「人の輪が商品力を倍増させる」ということです。

満点スリップの原案が固まった2003年、私はついに製品化へと踏み出しました。個人事業主の縫製職人に頼む方法もあったのかもしれませんが、それではまとまった数がそろうまでに時間がかかってしまいます。そこで地元の縫製工場に声を掛け、依頼することにしました。

気仙沼の主要産業は漁業・水産業ですが、実は、近隣にはいくつも縫製工場がありました。今では皆無に等しくなってしまいましたが、最初は「どこかは引き受けてくれるだろう」と高をくくっていました。ところがいざ工場に足を運んでみると、次から次へと断られてしまったのです。

なぜなら、私の話はあまりにも訳が分からないものだったからです。まず、決まっていたのは使用する材料だけでした。和装だというだけでも、どの縫製工場も嫌がりましたが、

発注は単発のうえ、複数サイズなのにたったの２００枚程度。これは、大手はもちろん小規模の縫製工場にとっても小さな案件です。しかも、その和装肌着の一部に収縮率の違う防水布を縫い付けるという面倒なものです。けんもほろろとはこのことかと思いました。

そんななかで、和裁士さんから紹介された一つの縫製工場が面白がってくれました。

「へぇ、面白そうだね。本当にうちの仕事の合間でいいなら、縫ってもいいよ。じゃあ、パターンと仕様書をちょうだい」と言われて初めて、そのようなものが必要なんだと知ったほど、私たちは素人でした。

その縫製工場の社長さんは無知な私たちにあきれながら、それでも乗り掛かった舟とばかりに、手取り足取り教えてくださったのです。パターンの作成も知り合いに頼んでくださり、糸やケアラベルなどほかにも必要なものも教えてくれました。想像するに、そうして手を掛けてくださるうちに、私の会社の試作品に愛着をもってくださったように感じました。私たちはその方にとって、よちよち歩きで目が離せない赤ちゃんのような存在だったのかもしれません。

私たちは、まさに怖いもの知らずでした。試作品をつくるためにこれほどの手間がかかると知っていたら、もしかしたら挑戦していなかったかもしれないと、やっと一枚仕上げたときに頭をよぎったものです。

知らないことを面白がる、もしくは恥ずかしいなんて思わない強さがあれば、きっと知らないまま突っ走るのも悪くないのかもしれません。

人との出会いに恵まれたこと、振り返ればそれがすべてだともいえます。これこそ単なる偶然ではなく、日々の小さな誠意や感謝の連なりのうえにあるのだと確信をもっていえます。思いを研ぎ澄ますことが人とのご縁をつないでいるのです。ともに成功体験を重ねるほどに、確信は増していきます。

## 「面白いもの」を考えて実現させる仲間を集める

こうした「一緒に面白がってくれる仲間」を見つけられると、思いは一気に形へと変わります。新しい商品を生み出すためには幾通りもの試作品をつくらなければなりませんが、一緒に面白がってくれる工場なら、ともに試行錯誤をしてくれるでしょう。また、プロフェッショナルの立場から、商品の縫い方など改善アイデアを出してくれる可能性もあります。

今振り返って考えてみれば、そうした工場を見つけるためには、情報発信と情報収集が大切でした。当時の私は、気づかぬうちにそれらをやっていたのです。

私は普段から、「こんな商品をつくりたいんだよね。○○について誰か手伝ってくれる人はいないかな?」と誰彼構わず言って歩いています。本当に、相手構わずなのです。そうしているとひょんなところでひょんな人に出会ったり、面白いようにつながってくるのです。ブログやSNSで探りを入れてみたり、そこでつながった人たちにメッセージを入れたりすることもしばしば。また、インターネットで検索して見つけた会社にメールを送りまくるのです。こんなものをつくりたいが協力してもらえないかと。変な人だとか、怪しいとか思われることもあるのでしょう。返信が来ないこともしばしば、即答で断られることだらけですが、時折親身になってくれる先と出会います。この乱暴なやり方でどれだけすばらしい出会いがあったことか。

「この人に頼めば、商品づくりに協力してくれそうだ」と想像できる人だけに連絡をすると、予想外のつながりは得られません。だから、未知のものとの出会いを楽しむモードで情報発信をしまくるのです。これをやっていなかったら、ものづくりの人脈は広がらなかったでしょう。そして私の会社の商品は、今の半分も開発できなかったかもしれません。

しかし、アイデアを思いつくだけでは、ヒット商品を生むことはできません。アイデアを試作品に落とし込み、さらに、何度も検証したのちに改良を加えて質を高める。そのプロセスをギリギリまで追求することで、初めてお客さまのお眼鏡にかなう商品を生み出せるのです。ですから、何か商品に関するアイデアがあるなら、どんどん発信しましょう。権利を守りたい商品の場合は、先に特許申請を終えてから発信を始めてください。そうすることで、思わぬところから協力者が得られる可能性があります。

また、経営者自身が外に出て人と出会うことや、知名度を高めることも、仲間を集めるためには有効です。ものづくりをするためには、業界内外の人・企業と協力する必要がありますが、このとき、経営者の知名度が高く、かつ、人柄や実現したいことを相手に理解されているほど、コラボレーションはスムーズに進むと思います。メディアの取材を受けたり公演活動を行ったりして自分の存在をアピールすることは、意味のあることではないかと思います。

そしてもう一つ強調したいのが、自分自身が仕事を存分に楽しむことです。いつもぶすっとして働いている人と、一緒に仕事をしたいとは思いませんよね。ですから、面白がってくれる仲間を集めたいなら、あなた自身が仕事を面白がることが不可欠なのです。もちろん、仕事にはつらいことがたくさんあります。時には、砂を噛むような思いをすることもあるでしょう。しかし、お客さまを喜ばせたり世の中をより良く変えたりすることに楽しみを見いだしましょう。そのためには、ポジティブ思考やいい意味の脳天気さ、サービス精神、そして新しいものへの好奇心が大切だと私は考えています。

まずは仕事を楽しむこと。そして、自分たちが面白いことをやっていると情報発信すること。そうすれば、「面白いことをやりたい」と考えている人々が自然と集まってくるのです。

## ダメな試作品も机上の空論より確実な進歩

満点スリップの開発時には、3段階、20枚ずつの試作品をつくりました。今に比べれば、ものすごく少ない回数です。今は自社工場がありますし、肌着屋としてのノウハウもありますから、1回につくる枚数は減りましたが、逆に回数は何倍にも増えています。試作品は世の中にない一点モノですから、制作にはお金がかかります。特に、自社工場をもたない企業の場合、何度も試作品をつくるとかなりのコストが必要です。しかし私は、できる限り試作品をつくって試してみることをお勧めします。

仕様書やデザイン画を何枚書いても、商品の本質は見えてきません。試作品をつくり、実際に使ってみることで、初めて分かる問題点がたくさんあるのです。

私は、１００点満点中15点のダメな試作品でも、つくらないよりつくるほうが絶対にいいと思っています。頭の中だけに存在する商品は、どんなにアイデアが優れていても、０点のまま。しかし15点の試作品は、実際に使い勝手を検証して次々と改良を加えていくことで、どんどん満点に近づけることができるからです。この「問題点を見つけ、しらみつぶしに解決していくこと」が、商品と企業の価値を高める唯一の道なのです。

問題点をしらみつぶしに解決していく作業は、商品がいったん完成したあとも続きます。満点スリップの上半身部分には、中空繊維（マカロニのように内部に穴が開いている糸）でつくられた「東レ　エアレット」を採用していました。この生地は、吸汗速乾性が高く、よく伸びて肌触りもいい優れものでした。唯一の難点は、ある程度の気温になると、着ていて暑く感じることだったのです。特に夏場は、暑くて汗をかいてしまうというお客さまのレビューがたくさん寄せられていました。汗から着物を守るという宣伝文句が、「汗イコール夏物」ととらえられ、なおさら暑いという印象を与えてしまったようです。

　そこで次世代モデルの「満点スリップ　エクストラ」では、生地をリニューアルしました。上半身をさらっとしたドライ感のある生地に替え、汗による張り付き感を抑えることに成功したのです。また、色を1色から5色に、サイズを3種類から6種類に増やしましたし、紐を改良して背中と胸元にピッタリ布が沿うように改良も施しました。その結果、今ではほとんどの方に、初期バージョンの「満点スリップ　エアレット」より「エクストラ」をお買い上げいただくようになり、初期商品は廃番となりました。

　ただ、完全リニューアルに至るまでにも何度もマイナーチェンジを施しているのです。「肩回りがほんの少しだけ小さいのでは？」「衿ぐりはもう少し幅広く開けたほうがいいのでは？」など、サイズ表記や画像に現れないような小さな修正点や、現場で拾ったお客さまのご意見などを集約し、いつでもマイナーチェンジを重ねています。

時には、商品を他社にまねられることもあります。うちの商品を分解し、そのままパターンに落とし込むような悪質なものまでありますが、そんなことに腹を立てる暇があったら、追随を許さない質のアップを図っていく以外、お客さまの期待に応える道はないと考えています。


まずは、とにかく試作品をつくって使い勝手を調べ、繰り返し改良を加えて市場に送り出す。そして、いったん完成した商品もお客さまの意見を常に取り入れ、さらに完成度を高めていく。その作業を繰り返すことでたかはしの誠意を伝えられるのだと思います。

## 外注する工場は遠隔地ではなく、なるべく地元の企業を選ぶ

実際に製品をつくるとき、製造費の安い海外工場などに委託するケースが多々あります。しかし私は、外注先は絶対に地元企業にすべきだと考えています。

私の会社の外注先は、すべて気仙沼の近くにあります。車なら1時間以内に到着できる

ので、何か問題が起こったり細かな調整が必要になったりしたら、私や担当者が飛んでいって話をすることができます。こうして密なコミュニケーションをとれることが大事なのです。

こちらでパターンをつくり、生地や糸などを指定しても、縫製や裁断など作業に愛情がないと細かな細工で肌着の着心地は大きく変わります。このとき、外注先と意思疎通ができる環境なら、より良い商品をつくるためにギリギリまでチューニングができるのです。反対に、コミュニケーションがうまくできなかったら、どこかに不満が残る商品になってしまいます。ですから、私は地元工場にこだわるのです。実際の距離というよりは心の距離ということですが。

信頼できる外注先を確保することは、自社が成長するうえで欠かせない条件の一つです。私の会社では2013年に自社工場を手に入れましたが、今後も外部の工場に製造を依頼し続けるつもりです。

自社工場があるのに外注を続ける理由は三つあります。

一つ目は、リスクの分散です。内製率が100パーセントだった場合、自社工場がトラブルを起こして稼働できない状況に陥ったら、すべての製造が止まってしまいます。それは、商品が届くことを楽しみに待っているお客さまを裏切ることになるのです。しかし外注先があれば、トラブル時にも商品を送り出し続けることができます。

また、何かの拍子に自社製品に注目が集まり、急激にニーズが高まったとします。そのとき自社工場でしか生産できなかったら、生産量の増加に対応できず、機会損失を起こしてしまうでしょう。注文増加に慌て、工場にミシンを数台入れても、それを動かすスタッフを雇って育成しなければ商品はつくれません。しかし、信頼できる外注先が複数あれば、短期間で生産能力を高めることが可能です。

二つ目の理由は、各工場の特性に合わせて製造を任せられることです。どんな工場にも得意・不得意がありますし、仕事の質や納期への対応力にも違いがあります。もし外注先がいくつかあれば、新商品の製造を依頼する際に、自社工場を含めて最適な依頼先を選ぶことができます。

三つ目の理由が「オープンイノベーション」です。三人寄れば文殊の知恵といいますが、自分たちだけでつくった商品より、多くの人からアイデアやノウハウをいただいた商品のほうが絶対に優れているのです。特に、「一緒に面白がってくれる仲間」が多ければ多いほど、彼らの知恵を取り込んで優れた新商品を生み出すチャンスが増えます。

現在私の会社では、全商品の7割程度を内製化しています。ただ、内製率をこれ以上高めることはしません。むしろ、外注率をさらに高めたいと思っているところです。

## 外注先は一蓮托生のパートナー

信頼できる外注先を増やすには、日頃からの関係性に力を入れなければなりません。彼らを単なる取引先と考えるのではなく、ビジネスを進めるうえで欠かせない、一蓮托生の「パートナー」だと考えています。

なじみの縫製工場に、裁断した生地を送って試作品の縫製を依頼したときのことです。量産化したらどのくらいの費用がかかるのかを見積もってもらいました。普通は、こちらから「この値段で縫製を頼めないか」と尋ねるのですが、その工場がどの程度のコストをかけて製造できるのかを知りたかったのです。もちろん、べらぼうに高い見積もりが出てきたら、値下げ交渉をするつもりでした。

ところが先方からいただいた見積もりは、予想よりずっと安い金額でした。すでに稼働していた自社工場では、とても受注できないほどの安さだったのです。

私は見積もりを出してくれた経営者に、「うちでこの商品を縫製しようとしたら、とてもこの金額ではできません」と素直に話しました。そして、見積もりより高い、私が適正と思った金額で契約することにしたのです。当然、商品価格は上がります。ですが、リスペクトすべきはユーザーも同じです。仕事なりの対価として見合う金額を払う、それぞれみんながとるべき行為なのだと思います。いわゆる三方よしということです。たかはしの商品は少し高いけど、製品には満足していると言っていただきます。一方、高いのをどうにかしてと言われることもありますが、暴利をむさぼっているのではなく高品質を守るためには致し方ないことです。安いことを優先するなら、商品はほかにもたくさんあります。売る側も買う側も互いに感謝と敬意のもてる仕事が一番、そのためには、適切な値付けで取引をすることが欠かせません。慣れ合うことなく、品質に対しての厳しさを保つためにも大切なことだと思います。

## 多彩なユーザーのニーズに応えるには自社工場が必須

自社工場は、震災の影響で閉鎖することになった地元の縫製工場を買い取った形だったので、スタッフも引き取ることにしました。工場の購入費用は移転費用も含めて約１０００万円。震災で約５０００万円の赤字を抱えていた私の会社にとって決して軽くない負担でしたが、思い切って投資することにしました。自社工場は悲願でしたし、入手すればお客さまの要望に、より応えられると考えたからです。

例えば、私の会社の人気商品の一つである「満点スリップ　エクストラ」は、Ｓ・Ｍ・Ｌ・ＳＯ・ＭＯ・ＬＯの全６サイズを用意しています。また、先述したとおり色は白色、桜色、空色、薄茶色、柳色の全５色展開です。つまりお客さまは、６サイズ×５色＝30種類から、好みの商品を選べるのです。他社の和装肌着はＭ・Ｌの２サイズ、よくて、Ｓ・Ｍ・Ｌの３サイズに分かれていることがほとんどです。しかし、身長が同程度であっても体型は人によってかなりの違いがあります。スマートな方なら普通サイズでいいのですが、ふっくら体型の方はどうしても窮屈な思いをすることになります。そこで、普通サイズより裾周りを大きくとったＳＯ・ＭＯ・ＬＯを用意することで、ほとんどのお客さまにご満足いただけるようになりました。また、色も通常は白のみですが、安心をユーザーに与える色と、個性的な色をとりまぜ、５色用意して幅広い好みに対応しています。

　こんなことができるのも自社工場があるからです。

　実は６サイズのうち、需要はＭとＬの２サイズに集中しています。これらはいちばん大きなロットで製造する一方、それ以外のサイズについては販売実績から比率を割り出し、生産計画に落とし込んでいるのです。時には最小10枚単位で製造計画を立てます。外注する場合、そんな小まめな製造を引き受けていただくのは難しいですし、仮に受けていただいたとしても、価格は割高になってしまうでしょう。また、ニーズの少ない商品を多く製造してしまったら、長期にわたって在庫をもつはめになります。その点自社工場なら、小さなロットでも製造できるわけです。

　また、自社工場をもつことは、ものづくりをするうえでのフットワークの良さももたらします。外注先の工場に試作を頼み、修正を繰り返して製品化にまで漕ぎ着けようとすると、かなりの期間がかかります。やりとりだけでもかなりの時間が必要ですし、外注先が忙しい時期には試作を後回しにされたりするリスクもあるからです。これに対し、自社工場ならすべて自分の都合で試作・製造ができます。これなら開発スピードは劇的に高まります。

中小企業が生き残るためには、なにか一つでも強みをもつことが必須だと思います。そして、多彩なユーザーのニーズに素早く応えるための施策はそれぞれでしょう。でも、ものづくりをするなら、社内に製造機能をもったほうがいいに決まっています。もしくは本当に腹を割って話し合える提携先をもつことで、思いは形に近づくはずです。

## 衰退産業の中小企業に合うのはマーケットインの考え方

私の会社は京染悉皆屋というサービス業としてスタートしましたが、途中から呉服販売業や和装肌着・小物の製造業も手掛けるようになりました。そして自社工場を手に入れ、企画・製造・販売といったすべての工程を手掛ける「メーカーベンダー」になったわけです。これにより、ユーザーが求める商品を提供しやすくなったことは、すでに説明したとおりです。

一方、ものづくり企業の皆さんには、小売業への進出をお勧めします。ユーザーと直接触れ合う場をつくることで、商品づくりに不可欠な「お客さまの生の声」を聞くことができるからです。

商品をつくる際に、「プロダクトアウト」「マーケットイン」という2つの考え方があります。プロダクトアウトは、自社がもつアイデアや技術、製造手段を活かし、作り手側からの発想で商品を開発することです。

マーケットインは、顧客や市場が求める商品を開発することを指します。お客さまからきものに関する悩み事を聞き、さらに、自分たちで市場にある商品を実際に使って不満がないか確かめる。そして、それらを解消できる製品をつくることでヒットを生み出そうとする考え方です。

私の会社はプロダクトアウトとマーケットインの両方を併せ持っています。プロダクトアウトの「満点スリップ」から始まり、現在の市場にはない商品だけをつくることを掲げ、今に至ります。でも、そのうちユーザーの声がたくさん集まる環境である優位性に気づき、マーケットインも手掛けるようになりました。

プロダクトアウトとマーケットインの間に優劣はありません。ただ、衰退産業の中小企業の場合、マーケットインの考え方のほうが行動しやすいのではと思います。プロダクトアウトの場合、自社の強みを活かし潜在的なニーズを掘り起こせるような画期的商品を生み出すことができれば、大ヒットを飛ばすことも夢ではありませんが、ユーザーニーズとまったく合わない商品ができてしまい、見向きもされない危険性も大きいと思います。たかはしの場合にも、満点スリップの成功までに3年以上かかってしまったわけで、その時間は本当につらいものでした。

だいたい、自社の強みを客観的に判断できている会社はどれほどあるのでしょう。外側から見れば、びっくりするような技術でも、内部では当たり前のことになっているなんてケースはよくあることです。衰退産業のなかのマーケットインを探すことも大切ですが、自社の魅力をきちんと認識することはそれ以上に大切な作業だと思います。そのうえでのマーケットインなら、ユーザーの課題を解決することに対し、明確な自社の強みを活かしたプランが組めるのではないでしょうか。とりわけ、売り手が殿様商売に陥ってユーザー視点を忘れているようなニッチな業界であればあるほど、ユーザーの不満を解決する商品・サービスを生む楽しみはたくさんあるというものです。

マーケットインで商品をつくるためには、ユーザーの声を客観的に聞くことが不可欠です。そこで、ものづくり企業には、マーケットインをたやすくするためにもぜひ小売業に進出してほしいのです。

ものづくり企業のなかには、問屋に遠慮して小売業に乗り出せないというところがあるかもしれません。世話になっている問屋を通さずに商売をするのは不義理に通じるのではと感じることは当たり前の感覚ですし、むしろ大切にすべきです。それまでの事業はそのまま大切にしたうえで、新たな道をつくる工夫の余地を模索してはどうでしょう。従来商品とは異なる別ブランド・別会社を立ち上げて、そこの商材は直販のみにするとか、一部のアンテナショップに直に卸すなども一法でしょう。インターネットの時代ですからなんでもできます。

単にＳＮＳでつながっているだけではユーザーの本音は出てきません。そこに対価が生じるという厳しさがあればこそ、聞き出せる宝があるのです。

お客さまと直接触れ合う機会を設け、そこから商品づくりのヒントを得つつ、きちんとした利潤も得る。これからのものづくり企業が生き残るための大きな施策となるはずです。考えてはいるんだけどなぁ、という方はすぐにＧＯです。

## 消費者視点のメーカーベンダー・アイリスオーヤマから得たヒント

お客さまとの接点を大事にし、消費者視点でものづくりをしている企業と聞いて私が真っ先に思い浮かべるのは、家電製品や生活用品を手掛ける企業・アイリスオーヤマです。

同社の創業者で現在は代表取締役会長を務める大山健太郎さんは、19歳のとき、家業のプラスチックの町工場を継ぎました。その後、ガラス製だった養殖用の浮き球をプラスチックに変え販売したことで大きな利益を得ましたが、１９７３年のオイルショックでは倒産の危機に直面したそうです。そこから新たな販路開拓に努力し、家庭向け商品に参入、大成功を遂げられました。

同社が生活用品の分野に参入した最初の商品は、プラスチック製のプランターです。当時の市場には素焼きの植木鉢しかありませんでした。しかし大山さんは、庭で花を育てている奥さんを見て「この鉢が安価なプラスチック製だったら、もっと多くの人がガーデニングを楽しめるのに」とひらめいたそうです。そこで商品化し売り込もうとしたところ、大手の商社が売り場を牛耳っている事実に直面します。仕方なく、直接ホームセンターの一店一店に売り込んで、爆発的なヒットにつなげたそうです。また、アイリスオーヤマの定番商品であるクリアケースも、大山さんが趣味の釣りに出かけるとき、しまわれていた冬物衣類をなかなか探せなかったことがきっかけだったそうです。「引き出しが透明だったら、服が簡単に見つけられるのに」という思いが、ものづくりの出発点だったわけです。

そして同社は２００８年、宮城県のホームセンターであるダイシンをグループに加えました。小売に乗り出し、メーカーベンダーとなるのが目的だったのです。

アイリスオーヤマは今も、消費者目線に立ったものづくりを行っています。最近のヒット商品は、室外機のないエアコン。排熱用のダクトを窓に取り付ける方式で、「エアコンを短期間で設置したい」「工事ができない部屋にも導入したい」というコロナ禍での消費者ニーズを見事にとらえ、大きく売上を伸ばし続けています。

アイリスオーヤマのやり方は、メーカーベンダーを目指す中小企業にとって大いに参考になると思います。私自身も、大山さんが代表発起人を務める「東北未来創造イニシアティブ」（東日本大震災被災地の企業を支援するために設立された社団法人）の人材育成道場「経営未来塾」でお世話になりましたから、大山さんから何度も直にお話をうかがいました。心の支えであり、商売のお父さんのような存在です。

## 試作品モニター募集のメリットとデメリット

満点スリップがまだ売れていなかった時期から、私はいろいろな人に試作品を無償提供し、意見を聞かせてもらっていました。最初は、お得意さまや知り合いのお茶の先生など、きものを着る機会の多い地元の知人にモニターをお願いしていました。それしか手段がなかったからですが、ネット販売を始めてからは一般のお客さまから何度かモニターを募集したこともありました。ブログやメールマガジン、自社ホームページなどを使って公募するのです。無償で商品や試作品を提供する代わりに、その商品についてのご意見をいただくというスタイルでした。でも現在はその方法を中断しています。

遠慮のない意見がたくさん集まる点は、公募の長所ですが、一般のユーザーが考える最高の商品は「私にいちばん合うもの」で、既製品として売り出すという視点では考えていないことが分かりました。モニターに応募する方のなかには、きものに対する独自のこだわりをもっている方もいらっしゃるはずです。いや、むしろそういう方のほうが多いでしょう。そうなると、商品コンセプトが特殊な方向にぶれてしまう危うさがあります。私はその事実を、何度かの経験で学びました。むしろブログなどにコメントを付けてくださる方のご意見を、こちらの意図に照らし合わせ読み集めるほうが得策だと思います。また、商品に対するレビュー投稿は非常に参考になります。私は今でも一件残らず必ず読んでいます。わざわざ書き込みをしてくれるのは、きものと「たかはし」の商品への熱い情熱をおもちの方ばかり、たくさん参考にさせていただきました。

コアな愛好者は「この商品じゃなきゃダメ」と思ってくださっている方で、この方々の意見は特に重視しています。

## 思わぬきっかけで出会った共同開発者

ネット販売を始めた頃は本当に必死で、よくメルマガに、「あなたの、こんなの欲しい！をお聞かせください。もしかしたら、つくっちゃうかもです！」などと書いて発信していました。そんなある日、私に割烹着に関するお願いメールが届いたのです。「きものの上に着る割烹着が欲しいが、市販されているものは前から着て、後ろで紐を結わえるタイプの商品ばかり。だから、前合わせの割烹着をつくってください」というご要望でした。

私も割烹着に対してはさまざまな不満を感じていたので「なるほど、確かに確かに」と思いました。コメントにあったように当時は後ろで結ぶタイプの割烹着しかなく、着用が面倒で、お尻は隠れないものが主流でした。また、その頃は丈の短いコートなどが流行っていたこともあり、膝上の割烹着が主流だったのです。丈が膝下まであればきものに汚れがつかなくて機能的ですし、アンティーク割烹着のようでおしゃれだとも思いました。

でも、時期的には秋に差し掛かっていて、ものすごく忙しい最中でした。しかも、その頃私の会社では肌着しか製造しておらず、アウターはまったくの未経験。商品開発のイロハを経験済みだったため、どれほど多くの時間を要するか、想像できてしまったのです。そのため、うちでは商品化はできないとお断りしてしまったのです。そのお客さまは、「そうですよね、肌着とはジャンルが違いますものね」と優しく受け止めてくださいました。

ところがどうしたことか、いったん断ったものの、私の頭から割烹着のことが片時も離れないのです。自ら、つくってほしいものがあったら提案してほしいと言いながら、メーカーとしての判断のようなふりをして、実際には自分都合で断ってしまった罪悪感が頭をもたげて私を毎日悩ませました。「ああ、申し訳なかったなあ」という思いから逃れられないと分かるまで約10日を要しました。

思い切って私はその方にメールを差し上げました。アウターを手掛けた経験がなかったので、つい尻込みしてしまったこと。現在とても忙しくて、すぐに取り掛かることはできないという思いでつい断ってしまったこと。でも断ったあとに後悔し、ずっと思い悩んでいたことを正直に伝えました。そして、半年後か1年後か分からないけれど、それでもいいなら、なんとか製品化に向けて頑張ってみたいとお伝えしたのです。

その方からは即日、「協力しますので、どんなに時間がかかっても構わないから頑張ってください」とお返事をいただきました。それで覚悟を決め、長期間試着して提言をする共同開発者のような立場になっていただき、割烹着の開発に乗り出したのです。

私は当初、ご要望の主を料理屋の女将さんか何かだと思っていました。ところがずっと後になって分かったのですが、その方は当時、奈良女子大学大学院教授兼医師（現在、京都大学大学院医学研究科教授〔特任〕）で、日本きもの学会副会長（現在は会長）を務めていた高橋裕子先生だったのです。

## 100人の一般ユーザーより1人のスーパーモニター

私は高橋先生と何度かメールでやりとりをし、割烹着へのご要望を聞き取りました。そして私の意見と合わせ、「きものの上に着やすい前合わせにし、汚れが防げるよう丈が膝下まである割烹着」というコンセプトに決定。縫製工場に頼んで試作品をつくり、高橋先生に送りました。

高橋先生からは、「私の欲しかった割烹着に近い！」と褒めていただきつつも、実際に使った感想をうかがい、裄、丈、紐の位置など何度かつくり直しました。ご意見は実に的確で、商品のクオリティーアップに大きな役割を果たしてくださいました。

高橋先生のご意見のなかで、唯一私と意見が合わなかったのは衿の形です。私がつくった試作品では、衿はきものと同様のV字型（きもの衿）にしていました。ところが高橋先生は、「道行コート」のような四角い形の衿（角衿）の商品が欲しいとおっしゃったのです。

角衿はジャストサイズで合わせないと、きれいには見えません。そのため、角衿を採用するならたくさんのサイズをそろえなければならず、コストがかかり過ぎて商売にならないというのが私の判断でした。ただ、せっかくのご意見なので、とにかく角衿の試作品をつくってみたのです。何事も、やってみなければ分かりませんから。

お送りしたところ、高橋先生からは高評価をいただきました。ところが試作品をお送りしてから1カ月後くらいに、製品版は角衿ではなく、きもの衿にしましょうとのご意見が届いたのです。当初は角衿の試作品を気に入り、クリニックで診察する際にも着用されていたそうです。ところが洗濯が間に合わず、仕方なしにきもの衿の古い試作品を着用したところ、患者さんや看護師さんの反応がずっと良かったというのです。

「私は角衿で商品化すべきだと言ったけれど、周りの反応は違いました。ごめんなさい。あなたの言っていたように、きもの衿に決めましょう」。それが、高橋先生の最終的な判断でした。

何事もムダなしだということをこのときも見せられた思いがします。もし私が商売人の感覚で角衿を頭から否定していたら、先生の想いを消化することはできずに結局、しこりを残したかもしれません。最終的にはきもの衿の形をご納得いただかなくてはと思いながらも、おっしゃる形を着てみていただいたおかげですべてが丸く収まったわけです。

また、高橋先生がすばらしいのは、きものや、きものを実際に着る人たちを客観的に考えることができる点です。一般ユーザーは自分の好みや都合だけを基準にして商品に対する意見を述べるものですが、高橋先生は違いました。自分以外のきもののユーザーがどう考えるか、どんな風にきものを着るのかを想像して俯瞰的な意見を出してくださったのです。

こうした、いわば「スーパーモニター」とでも呼ぶべき方の存在は、ものづくり企業にとって本当に大切です。特に、商品開発やマーケティングのノウハウが十分に積み上がっていない時期には、このような方に協力いただけると、開発に大きな弾みがつきます。モニターの公募は止めましたが、客観的な視点があると思った方には今でも試作品をお送りし、ご協力いただいています。

## ヒット商品で目指すべきは「ワクワク感」の上乗せ

私の会社では、マーケットインの発想でつくられる商品が増えています。つまり、ユーザーの課題解決型商品が増えているということです。しかし、ヒット商品を生み出したいなら、課題解決を目指すのでは足りないかもしれません。マイナスをゼロにするだけではなく、ゼロにプラスを上乗せする発想が必要です。

「こし専用腰ひも」というオリジナル商品を開発したきっかけは、日舞の師範とのたわいない会話がきっかけでした。市販されている当時の腰紐は羊毛（モスリン）かナイロンでつくられていることが多く、これでは舞台で踊っているうちにずれてしまいがちだということで、舞台の踊り手はみんな、滑らない晒しで自作しているというのです。確かに摩擦係数は、綿がいちばん大きいのです。でも当時の業界に綿でつくった腰紐は1本もありませんでした。そこで綿の腰紐、胸紐を思いつき、つくることにしたのです。

私はまず、素材をプリント柄の綿に決めました［**写真1**］。綿は摩擦力が高く、なかな

［写真１］こし専用腰ひも

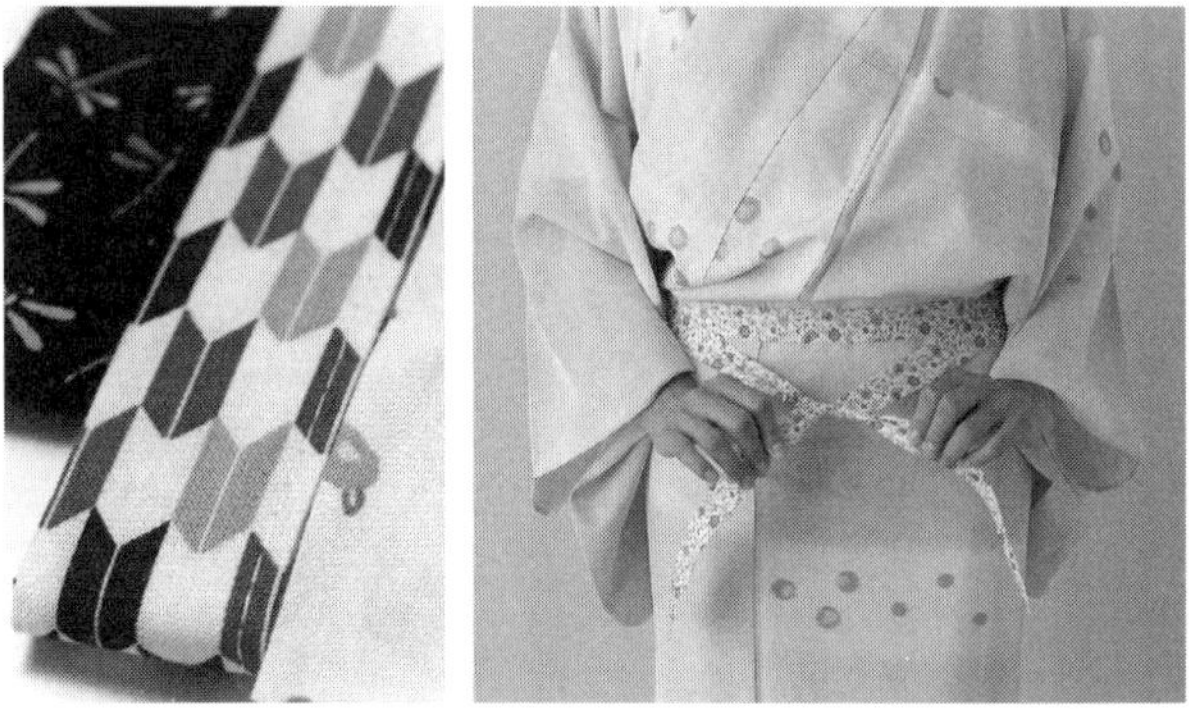

かずれないという特徴があることは先に述べましたが、それにプラス、ワクワク感を上乗せするためです。また、紐の幅も従来品よりぐっと狭くした「こし専用腰ひも」と、ぎゅっと締め付けなくても摩擦力で止まるように広めの幅にした「幅広胸ひも」をつくりました。

当時の市場には、白やピンク単色の腰紐しかありませんでしたが、今では本当にさまざまな柄の紐があり、綿素材も増えました。

きもののように個性を表現する商品で、機能性だけでなく、お客さまに楽しんでいただくこともちょっと配慮したことによって、商品に「ワクワク感」を盛り込めたのではないかと思います。

## ユーザーの日々の暮らしを想像することがヒット商品への近道

すべての商品が狙いどおりに受け入れられるわけではありません。なかには、こちらが予想もしていなかった点が受け、ヒット商品につながるケースもあります。一つの例が、きもの用ハンガーの「和えもん」です［写真2］。

和えもんはもともと、都会暮らしの方をターゲットにしてつくったハンガーです。一般的なきもののハンガーは、両手を広げたほどの横幅が必要で、身丈（肩から裾までの長さ）は身長ほどの長さになります。つまり、畳2枚分ほどの平らなスペースを要します。そんな大きな壁面がない都会暮らしの女性は、ドアやカーテンレールなどにきもののハンガーをかけるしか方法がありません。これでは、ほかの家族に踏まれたり、通るたびに落としたりして、きものが傷んだり汚れたりする危険性があります。

そこで和えもんは、クローゼットにかけられるように肩に厚みをもたせ、生地が伸びない仕様にしました。また、裾が床に着かなくするため、きものの途中で折り返してかけられる「ブランコハンガー」を付け、ぐっとコンパクトに、きものをしまえるように工夫し

［写真2］和えもん

たのです。

ところが和えもんは、期待どおりには売れませんでした。洋服用ハンガーに似た形のものにきものをつるすことへの抵抗があったのだと思います。そして面白いことに、お客さまから最も評価されたのはクローゼットに収まることより、ハンガーの頂点部分を三角形にして衿の形にフィットさせたことだったのです。一般的なきものハンガーの衿部分は紐だけなので、衿がくしゃりとたわむのです。これが一番のストレスだったなんて、本当に意外でした。このついでに付けた機能が思いのほかウケたため、一般的な棒状のきものハンガーに取り付ける三角形の補助具「和えもん　衿之助」を開発。こちらは、本家の和えもんより売れていて、本家の売上にも貢献しています。

　商品を実際に市場に出したあと、予想外の理由でヒットにつながるケースもあります。これこそ、マーケットインですが、まずは商品をつくって市場に問うてみるのもよいでしょう。

## 商品のネーミングはプロに任せる

　新感覚のメッシュ帯枕シリーズ「空芯才（くうしんさい）」、涼しくてラクなタンクトップ型和装ブラ「くノ一　涼子（くのいち　すずこ）」、特殊な形状の着物用帯板「べっぴん帯板」……。これらはすべて、当社のヒット商品です。

　ものづくり企業のなかには自社の商品に、「ＴＫ－０２３」のような無機質な名前を付けるところがあります。しかし、こうしたネーミングは避けましょう。

　商品名にこだわるべき理由は二つあります。

一つ目の理由は、覚えやすい商品名のほうがヒットしやすいからです。学生時代、歴史の年号を「なんと（＝７１０年）立派な平城京」「鳴くよ（＝７９４年）ウグイス平安京」のように覚えていましたよね。年号は無機質な数字として覚えるより、語呂合わせにして意味をもたせるほうがはるかに記憶に残ります。商品名も同様で、ユニークでユーザーの記憶に残るネーミングにするほうが、印象に残りやすいだけでなく、愛されるのです。売り場でも「涼子ちゃん、買いに来ました！」なんて呼称が飛び交います。

二つ目の理由は、商品の良さを端的に伝えられるからです。例えば帯枕の「空芯才」は、芯の部分が空洞になった「立体メッシュ」でつくられているため、通気性バツグンで洗濯してもすぐに乾き、いつでも清潔さを保てるのが長所。「空芯才」というネーミングには、その特長がしっかりと反映されています。その分、商品の良さをお客さまに届けやすくなっています。

私たちは当初、自分たちでアイデアを出して商品名を決めていました。当時のネーミングはまさに素人仕事で、マーケティングも何もない状態でなんとなく名付けていました。自社商品への思い入れが強すぎ、かえって商品の良さが伝わらなかったケースも少なくありませんでした。それで時には、発売後に商品名を変更したこともあったのです。そうした失敗を経た今は、プロのコピーライターにネーミングをしてもらっています。１つの新商品に対して最低でも３つ、多いときは７つくらいの案を出してもらい、そのなかから絞り込んでいくパターンが多いです。

このときに注意しなければならないのは、自分たちが属している業界に関する知識をある程度もち合わせているコピーライターに頼むことです。きものについてまったく知らないコピーライターに頼むと、ピントがずれた案が出てくることも多いからです。その点、私たちがお願いしているコピーライターさんは、きものの知識を十分にもっている方ですから、ユニークでインパクトがあるだけでなく、きもののユーザーの心に刺さる商品名を提案していただいています。

## 「私」ではなく「ユーザー」の不便さ・不自由さを考える

私は最初の自社製品である満点スリップを生み出したあとも、「私はこんな商品が欲しいなあ」という発想で次々と新商品を開発してきました。２０２１年春時点でのオリジナル商品は、約80アイテムに上ります。

当初はユーザー視点で「私が欲しいもの」を商品化してきましたが、いつの頃からか、欲しいものは大概、商品化できてしまいました。そこで次に取り組んだのは、お客さまなどから求められた商品をつくることでした。

ある日、親しいお客さまから夏帯用に透明の帯板が欲しいと頼まれました。羅織りのように穴の大きい夏帯だとメッシュでも見えてしまっていやだというのです。私自身はそれを気にする感覚はなかったのですが、せっかくお声を掛けてくれたのだからと製作する方向で動いてみました。便利なネット時代です。方々に投げ掛けてみるとつくってみてくれるというメーカーが現れました。試算してみたところ、一枚２６００円にもなります。先のお客さまに聞いてみたら、全然高くないから、絶対売れるからつくってと言うのです。本当かなと思いましたが、まずはつくって販売してみたら、思いのほか売れました。

大きな冒険というのでなければ、試してみるのも面白いものです。

固定観念の強いニッチな市場こそ、臨機応変にユーザーの思いに沿うメーカーもないものです。面白がってみるとというモードであれば、とにかく楽しいです。

［第4章］

法則③

# 既存の販売ルートにとらわれず、自社商品のメリットがユーザーに確実に伝わるルートを見つける

## ニッチなニーズにも応えられる販売方法を考える

法則③は、「既存の販売ルートにとらわれず、自社商品のメリットがユーザーに確実に伝わるルートを見つける」です。言い換えると「時には販売ルートに獣道を選ぶ冒険も必要」ということです。

多くの小売店やメーカーにとって、問屋は重要なパートナーでしょう。確かに、問屋を通すメリットは大きいものです。しかし、初めてのオリジナル商品・満点スリップを開発したとき、私は「問屋を通さず直販する」といういばらの道を選びました。それには理由があります。

当時のきもの業界では、和装小物は小物問屋の手を経て流通するのが一般的でした。また、問屋主導で開発が行われるケースも多く、ものづくりがメーカー主導ではないこともしばしばあったと聞いています。それだけに、問屋は単なる流通ということではない立場もあり、メーカーによっては問屋頼りというところもあったでしょう。でも、そうなると問屋の意向に従う以外に生きる道はありません。逆らってそっぽを向かれたら、商売が立ち行かなくなる怖さは大きくなるばかりです。

また、当時はすでにネットショップが出始めていました。きもの業界にも価格破壊の波が押し寄せていたのです。問屋を通せば、どこに商品が売られるか分かりません。もし、ネットでたたき売りされたら、うちのような小さなメーカーはひとたまりもありませんでした。また、問屋が店側に、商品の特徴をきちんと説明できるはずはないとも思いました。

それらの理由で私は一匹狼になる決意をしたのです。


ものづくりを始めるときに熟考したことがあります。それは「三方よし」の商品をつくることでした。お客さまにとって、私の会社にとって、そしてネットを脅威に感じている呉服専門店にとっても「よし」のものづくりです。私はほんの少しでも専門店の味方になりたかったのです。

私も販売を生業にしている立場でもありましたから、呉服販売の大変さはよく分かっていました。それは今でも変わりません。単価が高い分、取り扱いには注意を要しますし、仕立てなど後加工も多いのが難点です。何よりお客さまの期待が大きいですし、それでいて、商品は手に入りにくくなる一方で、回転率も悪く在庫リスクも高い、本当に因果な商売です。悪代官とつるんでいた儲けまくりの越後屋は、ずっと過去の話。だからこそ私は、仲間にとっても喜ばれる商品提供を絶対にしたかったのです。

## 丁寧な商品説明でないと開発者の意図は伝わらない

あなたは、「良いものをつくれば、宣伝などしなくてもユーザーは分かってくれる」と思ってはいませんか？　いいえ、それは大きな間違いです。伝えることに注力しなければ、どんなにいいものをつくっても、それは世の中に存在しないのと同じです。

商品の質が優れていることは、もちろん大切です。しかし同時に、商品の良さがお客さまに伝わらなければ意味がありません。商品の魅力をいかに伝えるか、これは永遠のテーマです。

たかはしのＥＣサイトでは、商品ごとにたくさんの写真やイラスト、そして時には動画

［写真3］たかはしのECサイトの商品説明ページ

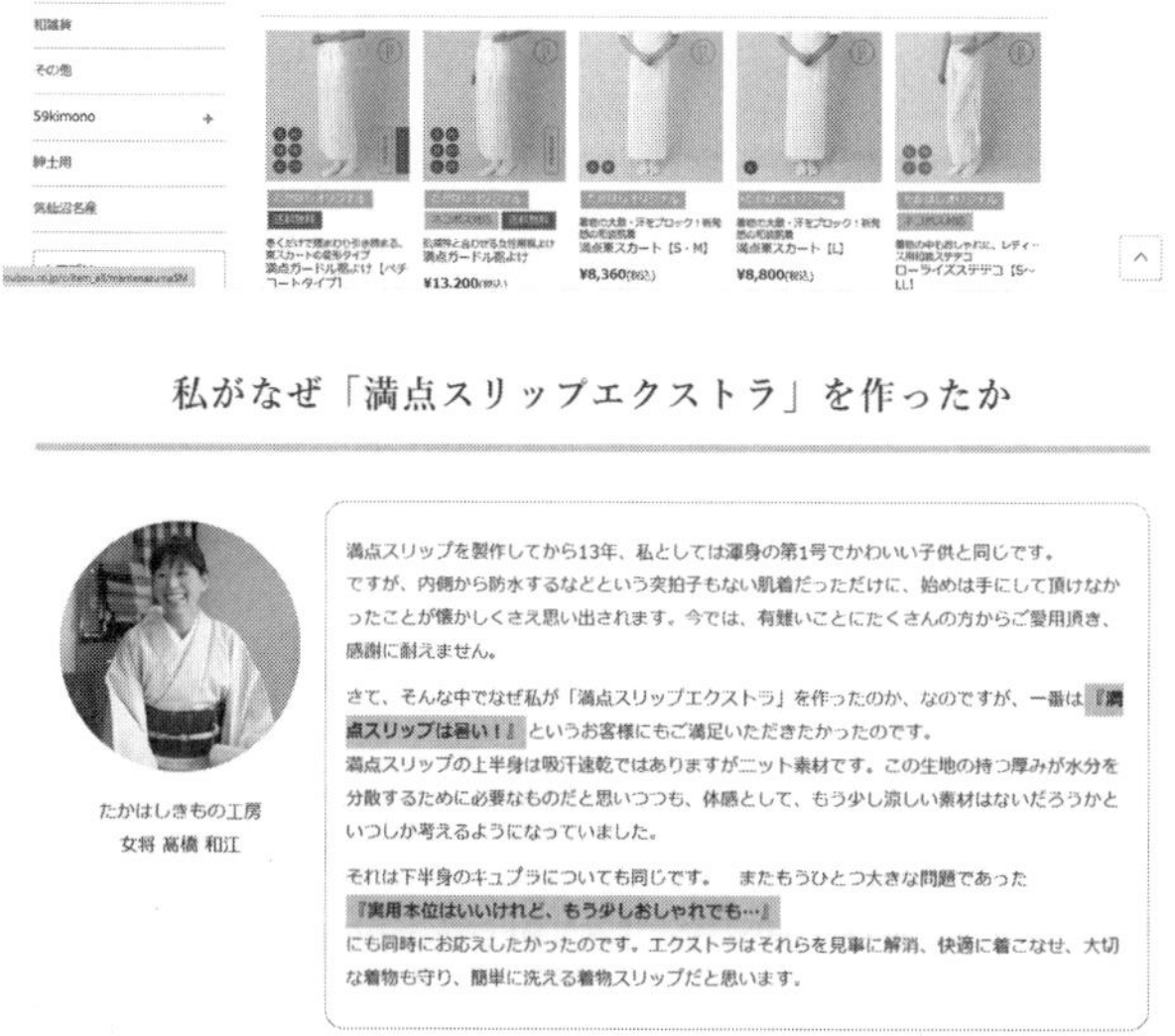


も使って説明をしています。また、説明文も、ほかの通販サイトに比べて多いのが特徴です。素材やサイズといった基本情報はもちろん、使い方の説明や製品の特徴、さらに、実際に使っている人や販売者のコメント、そして私自身の「この商品をつくった理由」まで盛り込んでいます［写真3］。

ここまで商品説明にこだわるのは、お客さまが少しでも判断しやすくするためです。ECサイトの説明が不十分で購入に必要な情報が得られなかったら、お客さまはインターネットで検索して利用者の感想を得ようとしたり、ネット上のコミュニティで質問したりするでしょう。それはお客さまに、余計な手間をとらせてしまいます。また、不十分な説明で誤解を招き、期待外れだったら、お客さまをがっかりさせてしまいます。こうした事態をできるだけ避けるためには、懇切丁寧な商品説明が不可欠なのです。特に、これまで世の中になかったような画期的な新商品ほど、丁寧な説明が必要です。

だからネット上の商品説明は、一回書いたらそれで終わりというものではありません。十分な商品説明を書いたつもりでも、お客さまから見れば情報が足りず、コメントや質問が寄せられるケースは多々あります。そのたびに、より分かりやすいものに変えていくことが必要なのです。商品も販売ページも、常にマイナーチェンジしていくことが大切です。

私の会社でパンフレットやウェブサイトをつくるときは、必ず本職のモデルやデザイナー、カメラマンに依頼をします。この業界では、知り合いの女性に安い謝礼でモデルになってもらい、社員が撮影をしてパンフレットなどをつくるケースが多いのですが、これではチープな仕上がりにしかなりません。一方、プロの力を借りれば、商品の特徴をユーザーにより正しく伝えることができるのです。

中小企業にとって、コピーライターやモデル、デザイナーなどに多額の依頼費を支払うのは勇気のいることです。しかし、宣伝広告費には十分なお金をかけることが必要だと、私は考えています。自社にない力をプロから借り、自社商品の良さをきちんとユーザーに伝える努力が、ヒット商品につながるのです。

どれだけやっても〝これでよし〟にはなりません。私の会社もまだまだです。でもくさらず「一つひとつ、丁寧に、真心こめて」やり続けるのです。

この言葉はデロイト トーマツ グループ ボードメンバー、公認会計士の谷藤雅俊さんが教えてくださった東洋思想研究家の言葉です。日本経済を動かしているような立場の方が教えてくださったということは、それを愚直に貫くことが難しいということなのだと思います。念仏のように唱え、この言葉を噛み締めています。

## ネットショップは中小企業にとって最高の販売チャネル

問屋を通さずに商品を売ろうとする場合、頼りにできるのは小売店です。しかし、小売店に直接卸すのは、思っていたよりもはるかに難しいことでした。少なくとも私の会社の場合、商品を呉服店などに直接卸せるようになるまで数年かかりました。

小売店側が問屋経由の取引を望むのは、そちらのほうが安心だからです。小売店と問屋は長期間にわたって取引をするなかで、互いに信頼を積み重ねています。また、万が一商品に問題があっても、そのときは問屋が責任を取ってくれます。つまり直接取引は小売店にとってもリスキーなのです。

商品を直接小売店に卸せるようになったのは、「満点スリップ」などがきもの専門雑誌「七緒」に掲載され、会社と商品の認知度がある程度高まったあとでした。つまり小売店側は、当社と直接取引してもリスクは小さいと判断してくれたわけです。

自社オリジナル商品をつくったばかりで認知度が高くない中小企業にとって、強い味方になってくれるのがネット通販です。

ネット社会になった現在でも、古い業界では、売られている商品やそれにまつわる情報はそう多くありません。一方、本当にものを探しているユーザーは必ずネットで検索します。リアル店舗で購入するにしても、情報はネットで探すものです。それを初めて知ったのは、ネット通販への進出を始めた２００６年でした。

当時、最も人気があったＳＮＳは「ミクシィ」でした。きものを好きな人たちがコミュニティをつくり、オフ会などで楽しんでいる都会の様子を見て、私はうらやましく感じていたものです。また、コアなきもののファンの情報は、とても濃く、面白いことだらけでした。インターネットには、自分で創意工夫しながら課題を解決しようとしている人も多く、新たなファッションとしてのきものの姿をどんどん発信していました。またそういう人には熱狂的な信者がいることも分かりました。

ミクシィからツイッター、フェイスブック、インスタグラム、または動画へと発信の媒体はどんどん変化しながら膨らみ続けています。いずれにしても最強なのは口コミです。どのように話題にしてもらえるか、よく意識して自社の商品の良さを打ち出してみてください。すぐに売れなくても、何かの折に誰かのアンテナに引っ掛かるかもしれません。

## 商品のデメリットは隠さずに開示

ネットショップ開設当初は、よくブログを書いていました。そのうち忙しさにかまけて止めていましたが、新しいウェブ担当が入社してくれたおかげでまた始めています。

このところ書き始めたのが「女将が教える！　こんな人は着てはいけない」というシリーズです。ここでは、自社商品のメリットだけでなく、デメリットも包み隠さず取り上げています。例えば、主力製品の「満点スリップ　エクストラ」は、暑さを抑えるために綿素材をやめ、ポリエステルに切り替えました。それにより、肌が弱くてポリエステル製の衣服が合わない人には着づらくなってしまったことを書いています。

自社商品のデメリットを書くことに、抵抗を感じる方がいるかもしれません。でも、両面からものを見れば、よく見えてくるものです。本当に求めている人が読めば、デメリットも意識するほうがメリットはより浮き立つのではないかと感じています。

例えば「たかはしの商品は決して安くありません」ということをメルマガや「かわら版」で折に触れ語っています。なぜ高いかを伝えるためです。品質を高める、国内の雇用を守る、地元とともに復活する。それを丁寧に伝えることが、たかはしの信条をお客さまにお伝えすることにもつながると思っています。

## 商品をコピーされることは恐れるに足りない

キモノブラなどのヒット商品を他社にまねされた経験は、これまでに何度もありました。しかし私は、模倣品を脅威だとは思っていません。理由は二つあります。

一つ目の理由は、「模倣品は、あくまで模倣品に過ぎない」ということです。同じ生地を使っていても、パターンや縫製のやり方をほんのちょっと修正するだけで、着心地や使い勝手は大きく変わります。試作を繰り返すなかで、細かい部分に徹底的にこだわってつくり込みを続けているのです。ところが、私の会社の製品をまねる企業は、見た目をまねするだけ。「神は細部に宿る」といいますが、ディテールの詰めは甘いのです。結局、出来上がった模倣品は、オリジナルの商品に比べて質がかなり落ちているのです。

模倣品が怖くないもう一つの理由は、自社商品を売る「アドバイザー」の存在です。オリジナル商品には、それまで世の中にはなかったようなものがいくつもあります。そうした画期的商品は、最初のうちはなかなか良さを理解してもらえません。その分、丁寧な説明が必要になります。

いくら外見をまねしても、特長や正しい使い方をお客さまに理解していただかなければ、商品は売れません。私たちは優秀なアドバイザーをそろえることで、お客さまに商品の価値をきちんと伝えているのです。

アドバイザーは正社員ではなく、業務委託で働いていただいています。全員がほかに本業をもっていて、空いた時間を利用して製品を販売する仕組みです。給与体系は、時給制です。きもの業界の販売員は、販売額に応じて歩合給が得られる仕組みになっているケースが多いのですが、私の会社はそういったスタイルではありません。

昔のきものは、典型的な「モノ消費」でした。ほとんどのお客さまは、きものを所有することで喜びを得ていたのです。ところが、そういった考え方はすでに時代遅れです。今後のきものは、着るという体験に価値を見いだす「コト消費」です。ですからアドバイザーには、販売より、お客さまにきものを楽しんでもらう役割を果たしてほしいのです。

私の会社のアドバイザーは、そういった私の考え方をよく理解してくれています。そして、販売会やショールームなどの現場で、きものを楽しむための提案を盛んにしているのです。つまり、商品は単なるモノではなく、アドバイザーの手によってコトという付加価値を加えているわけです。

自社商品の価値を完璧に理解し、お客さまに「伝道者」のように伝える販売員の価値は、思いのほか高いものです。お取引先も含め、こうした人の育成・確保に、ぜひ力を入れてみてはいかがでしょうか。

## 従業員と魂までつながる努力は惜しまない

従業員のなかには相手の機嫌を損ねることを恐れ、同僚などに対して強いことを言わない人がいます。私はこういう人に対して、「同僚との仲より、もっと優先すべきことがあるんじゃないの？」としつこく問いただすようにしています。

ある日のミーティングで、従業員の一人から、社内の通路で狭くて危険な場所があるという指摘がありました。ほかの人にも聞いてみると、同じように感じていた人はほかにもたくさんいました。ところがその人たちは、危ないと思いつつ、そのまま放置していたのです。

通路が通りづらいのであれば、人に頼むか自分自身でやるかして、邪魔なものをどかせばいいのです。ところが、「前からこうだったから……」「ものをどかすと誰かから文句を言われそうで言えなかった……」とみんなが考えていたのです。

このように、周囲に対して変に気を回し過ぎる態度は良くありません。素直に伝えればすぐ済む話なのに、なぜか心のなかに押しとどめてしまうのです。特に女性には、そうした傾向が強いと感じます。そして、ストレスをため込み、ある日突然爆発させてしまう。それなら最初から、余計なことは考えず、悪い感情を抱く前にポンポン発言するほうがずっといいでしょう。

もちろん、周囲とトラブルばかり起こす人より、同僚と仲良く仕事を進められる人のほうがいいに決まっています。ただ、和を乱さないようにするため、言うべきことも言わないのはただの保身です。例えばあるベテラン従業員が、間違った仕事の進め方をしていたとします。仮に、周囲の同僚たちがベテランを怒らせたくないと思い、口をつぐんでしまったら、お客さまや取引先の方々に迷惑をかけてしまうでしょう。逆に、相手の間違いをきちんと指摘すれば、周囲の人はもちろん、ベテラン従業員本人のためにもなります。一時的にいざこざが起きることより、長期的な視点で人間関係をとらえて行動するのが、本当の誠実さです。これは、私と従業員の関係においても同じです。社内の雰囲気を悪くしないため、部下への指導を緩めるようでは、会社のためにも部下のためにもなりません。

私は従業員を、縁あって私の会社に来てくれた大事な人だと思っています。そして、大事だからこそ、上っ面だけでなく魂までつながれるような人間関係をもちたいのです。それゆえ、言うべきことはきちんと言いますし、厳しくすべきときにはピシッと伝えるようにしています。

人間同士の関わりは、泥臭いものです。また、時には身を切られるようなつらい思いをすることもあります。でも、本音でぶつかり合った先に、本当の信頼関係が築けるというのが、私の信念なのです。

## 経営者にとって従業員は「教育する」相手ではなく「共感し合う」相手

私は「従業員教育」という考え方を意識したことが、ほとんどありません。もちろん、業務に関するノウハウや商品情報などについては教えていますが、仕事への意識についてては教育するものではないと思っているからです。

私は仕事を、ワクワクしながら取り組んでこそと思っています。その感覚を共有できたら互いの関係性も仕事も良くなるに決まっています。例えば肌着を縫製しているときにいやいやミシンを動かしていたら、その思いは商品にこもると思うのです。反対に、「この商品は誰が使ってくれるのかな？　その人のために役立ってくれるといいな」と楽しみながら仕事をしたら、その思いは必ず商品を通してお客さまに伝わります。

しかし、部下に「楽しみながら仕事をしろ」と言ったところで、相手の心にはなかなか響きません。それよりは、自らの背中を見せるほうが効果的なのではないでしょうか。楽しみながら働くほうが人生は豊かになるし、お客さまを喜ばせることにもつながると、自分の仕事ぶりを通じて伝えたいといつも思っています。もしかしたら「社長ばかりがいつも楽しそうだ」と感じている従業員がいるかもしれませんね。

従業員を採用するときには、覚悟の有無を見るようにしています。

ある日、10代でシングルマザーになった女性が面接に来ました。現在は実家暮らしをしながらコンビニでアルバイトをしているが、これから子どもが大きくなったらもっとお金がかかるので、私の会社で正社員として働きたいという話でした。

この女性は、独身女性に比べて不利な状況に立たされています。子どもは就学前で、病気をしたらつきっきりで世話をしなくてはならない可能性がありました。彼女の自宅は会社から車で30分以上離れた場所で、決して通勤しやすい環境ではないのですが、近在の会社で採用してくれるところが一社もなかったというのです。それだけに、彼女には「たかはしでしっかりと働いて、子どもを育てていきたい」という覚悟が感じられたのです。私は、自分の人生は自分で切り開くという、強い気持ちの持ち主が大好きです。そうした人は、強い責任感をもって仕事に取り組んでくれるからです。私は迷わず、その女性を採用しました。

私は、応募者の過去がどうであろうと、前歴は気にしません。覚悟があり、かつ、他者への敬意と感謝の気持ちさえあれば、スキルや経験の不足はどうにでも補えると、私は考えています。

［第5章］

法則④

# 記憶に残る「ストーリー」を商品に与えて、ユーザーと共有する

## 「ストーリー」のある商品にはユーザーが愛情を感じてくれる

法則④は、「記憶に残る『ストーリー』を商品に与えて、ユーザーと共有する」です。言い換えると「『ストーリー』を宿した商品はユーザーに愛される」ということです。

世の中は、たくさんの商品で溢れています。そのなかで、自社商品を選んでもらうためにはどうしたらよいか。まずいちばんに来るのは価格に見合った「品質」だと思います。

私の会社の商品は、一般的な和装肌着より全般的に高いです。でもそれは、品質を高めるため。品質の良い素材を使い、丁寧に縫製することで、適正利潤でも高めになってしまっているということを、お客さまにきちんとご理解いただいている結果、今があるのだと感謝しています。

そして次に多くの競合商品のなかから選んでもらうカギは、やはり「ストーリー」ではないでしょうか。私自身も、感情移入できる商品をつい選んでしまいます。うっかり宣伝としてのストーリーにも乗せられて、つい買ってしまい失敗することも多いのですが。

本当に良い商品は使い込むうちに、自分でも「ストーリー」を追記し書き換えていることに気づきます。開発ストーリーのユーザーとの共有がファンを増やすのだと感じる瞬間です。

有名な、青森県弘前市の農家・木村秋則さんが生産している「奇跡のリンゴ」は、ストーリーのある商品の代表格だと思います。私は木村さんの著書を読み、映画も観ました。また、木村さんのリンゴも食べたことがありますが、ものすごい商品力でした。2個いただいたので、1個は食べずにとっておいてみたのです。腐らないと聞いたからですが、2カ月観察しましたが本当に腐りませんでした。普通のリンゴは黒くなったところから、どんどんズブズブになっていきますが木村さんのリンゴはミイラになっていくのです。当然です。水分が抜けるので表面がシワだらけになって縮んでいくのですが、黒ズミはまったく現れませんでした。そして食べてみたら、しっかりした味はそのままだったのです。驚きでした。商品力の塊でした。木村さんの気迫が乗り移っているかの如くだと心が震えたのを覚えています。

圧倒的な商品力と、皆さんもきっとご存知の、奇跡のリンゴ誕生秘話ストーリーが価格を超え、人を魅了するのでしょう。

きもの自体、ストーリーを秘めて、手から手へと渡る間にオンリーワンのストーリーをさらに生み出す商品です。母から娘、そして娘から孫へと代々引き継がれていきますし、さらに、冠婚葬祭や記念日に着ることが多いので、きものを取り出して眺めるだけで、「あのときおばあちゃんが、このきものを着ていたなあ」「お母さんがこのきものを着て、こんなことを話していたっけ」などと思い出すことができます。

私がそうした人が物に愛着をもつことの意味や「きものに込められたストーリーの強さ」に改めて気づかされたのが、東日本大震災後の出来事でした。ここで、私が体験したきものの物語についてもお話ししたいと思います。

## きものがもつストーリーを感じた震災時の体験

私は２０１１年3月11日の震災当日、京都にいました。実はこの日が、母の80歳の誕生日だったのです。「誕生日は京都で過ごしたい」と母から言われ、私と東京の姉を含めた3人で京都のホテルに宿泊していました。しかも末息子が染色補正の修業に入ることになっていて、その引っ越しも兼ねており、私は震災が起きた時間、息子の修業先である染色補正の先生を訪ねていたのです。そして忘れもしない午後2時46分がやって来ました。

京都で感じた揺れは、これまでまったく経験したことがない揺れでした。地面がゆっくり、まるでゆりかごに乗っているような感じで揺れ続け、それは地底から何かが湧き上がってくるような異様な怖さでした。私は「震源は東北だ！」とすぐに分かりました。その2日ほど前、宮城県沖で大きな地震があったので新幹線に乗るときに思ったのです、私の留守中に何かなければいいと。

嫌な予感は的中しました。そそくさと先生宅をあとにし、同行していた京都の問屋さんの車に乗り込み、車載テレビのスイッチを入れた途端、震源は三陸沖との報道が耳に飛び込んできました。そして程なく、信じられない光景を目の当たりにしたのです。

当時、仕事を辞めて一時的に家にいた長男には運良く電話が通じ、彼の無事は分かったのですが、それ以外の情報はなく、どのようにホテルに戻ったのか覚えていません。部屋に入ってテレビの前に座ってからは一歩も動けませんでした。一滴の水も口にできない状態で一晩中まんじりともせず、ただ、ニュースを見て過ごしたのです。

人生でいちばんつらい一夜でした。あの日のことを思うと今でも涙が頬を伝います。真夜中のリアルタイム映像は気仙沼が赤々と燃えている映像ばかり。従業員や友人たちは、街はいったいどうなっているのか……。自分一人が難を逃れてぬくぬくとしている、それ自体、自分で自分が許せない思いと現地での地獄絵図が去来し、筆舌に尽くしがたい、恐ろしい一夜でした。

朝方になって、京都の問屋さんが「帰りたいやろ?」と電話をくださいました。「帰りたい!」「分かった、送ってってやるで!」ということになり、私は老いた母を姉に頼んで、問屋さんの車で朝の9時に京都をあとにしたのです。

私たちは途中で食料品などを買い込みながら、ひたすら日本海側の有料道路を北上しました。その日はすこぶる美しい快晴で、北陸道から眺める飛騨山脈は光り輝いていました。きれいだねぇ、美しいねぇと私たちはどちらからともなく、明るく振る舞い続けました。こういうときはね、心配しないほうがいい、楽しいドライブにしようなどと大声で笑い合いながらの道中でした。まったく異常なテンションでしたが、私の心は問屋さんへの感謝でいっぱいでした。その問屋さんは樋口さんといいます。樋口さんは私が小学校低学年の頃より、お世話になっている京都の取次屋さんです。初めは京都の取次会社の社員として来ていましたが、芯から真面目で一所懸命な樋口さんの仕事ぶりに私の父は強く独立を勧めたそうです。当時の室町の旦那衆はとにかく遊んでばかりいて、樋口さんの勤める会社の社長さんも例外ではなかったのです。どんなに樋口さんが身を粉にして働いても、その働きはまったく認められない状況と、お世話になっている会社へのご恩の板挟みになって苦しんでいる樋口さんの背中をえいっと押したのが私の父でした。そのおかげで今があると、いつでも樋口さんは言ってくれます。樋口さんと異常に楽しいドライブの間中、感謝とともに、人のつながりの妙を感じ続けていたように思います。

　夕方から急に冷え込み、山形県鶴岡市から内陸に入った途端、全域停電になっていました。その日は雪も降ってきて山越えの道は凍結していましたから、私は雪に慣れていない樋口さんに代わってハンドルを取りアクセルを踏み続けました。そして、夜中の12時に私の車を停めていた一ノ関駅へ到着、樋口さんと別れて自分の車に乗り、3月13日の深夜1

時頃、気仙沼に到着したのです。

雲が低く垂れ込めており、広い範囲の停電でしたから正真正銘、漆黒の闇でした。目を開いているのか閉じているのか、分からない闇。そんな感触でした。恐る恐る車を走らせ、自宅兼店舗近くにあるトンネルを抜けた途端、ものすごい重油の臭いが鼻を襲いました。そして角を曲がった途端ヘッドライトの先に、がれきの山があるのを見たのです。

ああ、これが現実なんだと改めて思いました。昨晩とは違う怖さとつらさが私を襲いました。それでも、どうにかして自宅に帰ろうと、私は邪魔にならない場所に車を停め、がれきを踏み越えながら歩き出しました。私が手にしている懐中電灯だけが唯一の光です。これに有象無象の何者かが襲ってきそうで、怖くてたまりませんでしたし、水もまだ引いていない状態でしたが、多くのがれきがあったおかげで、なんとか自宅兼店舗に到着したのです。怖くて見ることはできませんでしたが、なんとなく1階は全滅だろうと想像できました。しかし、２階は大丈夫そうでした。幸い私の自宅は階段を上がった２階玄関です。がれきから外階段に移り、中に入ってみて、ほっとしたのを覚えています。２階までは水は到達していませんでした。３階にあるロフトへ急ぐといつもはツンデレの愛猫２匹が飛びついてきました。私はそのまま2匹と布団にもぐり込み、2日ぶりに安堵の眠りについたのでした。

震災から3日経った3月14日の朝、私は避難所の息子に会いに行き、2人で在宅避難をすることに決め、戻りました。住環境が無事に残っていたことは天の助けでした。食料などはなんとでもなります、まずは少しでも精神的な安定が必要でした。私たちはまず現実を知ろうと、従業員をはじめ友人知人の安否確認を始め、街の様子を見に行きました。どこもかしこも泥まみれ、川には多くの車と家が落ちていて、街路樹にはいろんなものが引っ掛かっていて顔を上げて歩けませんでした。下はがれきと泥、主要道路には何百トンもの船が打ち上げられていて、まるで映画のスクリーンのなかに迷い込んだような気持ちが、ずっとあとまで続きました。

それでも私には息子と住環境が残っていて、従業員や友人知人もおおむね無事でした。しかも、一ノ関駅に車を置いていたおかげで、満タンに近いガソリンの入った車も1台無事だったわけです。

避難所にいる人たちに比べたら、私はラッキーでした。そこで、避難所にいる友人知人のために何かできないかと考えました。着の身着のままの彼女らに私の衣類をまず届けようと思い立ちました。そのなかには、研究のために一度だけ試着した、多くの肌着類もありました。

たとえ一度だけとはいえ、自分が使用したショーツなどを持っていくには勇気がいりました。もちろん、使用後は洗って保存していましたが、ものは肌着。でも、避難所ではすべてのモノが欠乏している状態でした。私は思い切って持っていきました。もし嫌がられたら、持って帰ればいいと。結果、皆さんは心から喜んでくれました。特に幼馴染である友人の斉吉商店専務の斉藤和枝さんは、自身の著書にも書いてくれたほどです。一度使用したショーツまで持ってきてくれたと、折に触れ語ってくださり、固めの杯を交わした様相で書き記してくださいました。余計なことなど考えず、人の困り事を全力で解決することの大切さを、私は改めて学びました。

逆に商売人としてのモラルについて、深く考え込んでしまう出来事にも何度も直面しました。倉庫に納められていた食品類を無料で配ってくださる加工業者さんがあったかたわら、生活必需品を普段の何倍もの値段で売るような店もありました。商いに対しての考え方はさまざまですが、自分の想いと照らし合わせ、「商いの道」を踏み固めるような日々でした。

本当に大切なものは何か、否が応でも確認せずには前に進めない状況でした。震災という苦難が私たちにもたらしてくれた福音でした。

## 従業員が本当の「同志」に変わった出来事

震災から数日経った頃、私はヘドロまみれになった店を片付けることにしました。幸い津波は高さ2メートルほどで、天井には届いていませんでした。最初は息子と2人だけだったので、いつ終わるのか見当もつかないほどのありさまでしたが、途中から避難所にいた従業員や息子の友人たちが手伝いに来てくれたのです。住み込んで手伝ってくれた息子の友人もいて、毎日十二、三人はいたでしょうか。お昼は2階のキッチンで炊き出しをし、それは楽しくおいしいランチでした。不自由ななかだからこそ、創意工夫も生まれ、楽しみも増すということを今でも忘れません。十分であるということは、それ自体が決して幸せなことではないのです。十分なことに対して感謝する心がなければ、幸せとはいえません。

息子の友人たちが手伝ってくれたおかげで、片付けのペースはぐっと加速しました。しかし、次に頭をもたげたのは資金問題でした。唯一の財産であった在庫商品は全滅。私の手元には、わずかな現金しかありませんでした。しかも、この非常時にきものを着ようと考える人がいるはずもありません。私は、何をどうしたらいいのかまったく分かりませんでした。なかでもすぐに解決しなければならなかったのが、給与の問題でした。従業員のなかには2人も、津波で家を流された人がいました。すぐに給与を支払わなければ、彼らの生活を支えることができなかったのです。

そこで私はハローワークに出向き、とりあえず休業補償を申請しました。すると担当者は、全従業員を解雇するよう提案してきたのです。

「休業補償はたったの3カ月。一方、解雇であれば少なくても半年以上は国が給与を保証してくれます。震災直後でまだなんの対策も打ち出されていない今、すぐに皆さんのために、国が手を差し伸べられるのはそれだけなのです。失業保険が切れるタイミングでの再雇用を約束してあげればいい、必ず給与保証期間は延長しますから、それまでに少しでも会社を立て直してはどうですか」というのが、担当者の提案でした。

まるで天から一筋の光が射したようでした。

ですが、私は悩みました。なにせ解雇です。「解雇」という音の響きが頭のなかで鳴り続けました。当時の状況では、従業員にお給料を出すことなど不可能でしたし、失業保険をもらったほうが従業員の生活の安定につながるということは、頭では理解できたのです。しかし、解雇、です。私は迷いに迷ったあげく、従業員に事情を素直に話してみました。本人たちの意思が、なにより優先されると考えたからです。

皆の反応は、とても心強いものでした。全員が迷うことなく「社長、解雇でいいですよ。そうです、会社を立て直してください。そして必ず再雇用してくださいよ！」と言ってくれたのです。

社員と同志になった瞬間でした。私の心配は徒労でした。ずっと願ってもあがいても、なかなか得られなかった一体感を、この瞬間に得ることができたのです。そのあとに新しく入社してきた仲間もいますが、このときをともに助け合い同志となった従業員は格別のものがあります。

みんなは、解雇したあとも避難所から店を訪れ、片付けや業務を黙って手伝ってくれました。彼女ら曰く、「この歳で今から、どこも雇ってなんかくれないもの。一蓮托生っさ～」と。

## お客さま一人ひとりのきものへの強い思いを再認識

従業員との約束を守るため、私は店の再建に取り組み始めました。ただ、必ず立ち直れるという確信はありませんでした。ヘドロにまみれた店を新しくし、再び商品をそろえるためには、数千万円規模の費用がかかると見込まれました。一方、気仙沼の周辺は震災で大ダメージを受けていて、人々がきものを楽しむ日は当分来ないように思えたのです。莫大な借金を抱えて、果たして商売をやっていけるのか。私は重い気持ちのまま、毎日、ヘドロまみれのお店を片付けていました。

震災から3週間ほど経った、ある日のことです。

私がお店を片付けていると、1台の車が停まりました。そして60代くらいの女性が降りてきて、私にこう尋ねました。

「お店、いつ開くんですか？」

えっ、と私は少しうろたえました。店は外も中も汚いまま、開店などとんでもありません。第一、この被災地で、きものを生業にしているうちのお店がお客さまから求められること自体、想像もしていなかったのです。私はとまどいながらいつ開けられるか分からないと伝えました。すると女性は、「津波で、きものが全部濡れてしまったの。早く洗ってほしいのよ」と言いました。この言葉を聞いた途端、私は雷に打たれたような思いで、一気に目が開いたのでした。そうだ、うちは京染悉皆屋だ。洗ったり直したりはうちの本業ではないかと。

もうそこからは自分でも驚くほどの快進撃でした。「もう少しだけ待っていてください！　できるだけ早く、開店してみせます！」と思わず言ってしまった手前、一日も早く開店しなければなりません。ようやくつながり始めた携帯電話で建設会社に連絡。大工さんをすぐに派遣してもらい、店の壊れた部分を直してもらいながら、開店の準備を始めました。ずっと情報を出し続けていた地元紙に急いで開店する準備をしているとの広告を打ち、それまでのきものの処置について告知しました。お客さまからお預かりしている商品はすべて被災し、なくしてしまったものもあるだろうと、とにかく状況をお伝えし詫びました。そして震災から1カ月半あまり経った4月29日、店先だけなんとか整え、再オープンしたのです。店を開けた時期は、おそらく、このあたりでいちばん早かったと思います。

その後も、きものに込められた思いの強さを実感する機会は何度もありました。ある女性は、津波で泥だらけになったきものを持ち込んでこられました。汚れと破損がひどく、どう見てももう一度着られるようにするのは困難でした。ところがその女性は、構わないから洗ってほしいと言うのです。どんなにボロボロになっても、このきものは大切な品だから、せめて保存できるように泥だけは落としてほしいというお話でした。震災直後で、明日の生活にも困っていた時期なのに、その方は二度と着られないきものにお金をかけるというのです。ほかにも、そのような方はたくさんおられました。

中学生の女の子に手渡したきもののことも忘れられません。

そのきものは、お祖母ちゃんがお孫さんの小学校卒業のために用意したものでした。震災の前年の秋、親子3代で店に選びに来てもらったのですが、最終的に選んだのはお祖母ちゃんの娘であるお母さんでした。大きなユリやバラ、菊などの花々が全体にちりばめられた、本当に美しく華やかな本友禅の白地の小紋でした。予算を大きく超えていたため、出資者であるお祖母ちゃんはもっと安価なほうでいいのではと言っていました。「そうだね」と同意しながらも、そのきものから目が離せなくなっているお母さんの様子に根負けした形で、その小紋を選んだのです。分かったよ、こっちを買ってあげるからと言われ、うれしそうにしているお母さんの喜びようは、着物屋冥利に尽きるものでした。

お孫さんの卒業式は、震災の翌日でした。そして、きものを選んだお母さんは、津波で亡くなったのです。本来なら震災当日の夕方に手渡すはずだったきものが、店には、泥だらけになったまま残されました。お客さまが早めに持って帰っていたら、自宅ごと流されたはず。たとえ泥だらけでも、きものが残っただけマシだったというのが、唯一の救いでした。

私が汚れたきものをきれいにし、中学生になっていたお孫さんに手渡せたのは震災の1

年後です。彼女はそのきものを着て、1年遅れの卒業写真を撮りました。お母さんの、あのうれしそうな顔を思い出しながら、きものを纏ったに違いありません。そこには明確に、母の愛がありました。

お客さまはそれぞれ、きものにまつわるストーリーをおもちです。思い出を重ねた宝物で、決して単なるモノではないということを痛烈に心に刻んだ震災体験でした。

## お客さまに受け入れられた喪服販売

震災直後の被災者は支給された衣服を着ていましたし、仮設住宅での生活が始まってからは、支給されたお茶碗でご飯を食べていました。当初は皆が感謝の言葉を口にし、有難い有難いと言い続けていました。ところが時間が経つごとに、だんだんと様子が変わってきたのです。ふとした瞬間に、震災までは当たり前に自分が好きな服を着て、好みのお茶碗でご飯を食べていたことに気が付き、どうして……という歯がゆさを感じるようになったのです。その思いは、特にお気に入りのものに囲まれて暮らしている女性にとって大きなストレスだったと思います。

お店を開けた当初は、きもののメンテナンスだけを手掛けるつもりでした。しかし、被災して外箱が壊れたりしたマグカップやお茶碗などの訳あり商品を破格で販売してみると、あっという間に売れてしまいました。そのときお客さまの顔を見てみると、本当に楽しそうにお買い物をしていくのです。その様子を見て、私はいち早く物販も再開すべきと考え、少しずつ仕入れを再開したのです。呉服ものではなく、５００～３０００円ほどの手頃な雑貨を仕入れて店頭に並べてみました。すると、どれも飛ぶように売れていきました。ショッピングという行動がどれほど女性を豊かにするか、このときほど実感したことはありません。商売するということは神聖な行為だと確信しました。私たち商売人は、そのことに誇りをもつべきだと思います。

こんなこともありました。震災後被災地では、毎日多くの葬儀が執り行われていました。しばらくの間は、火葬も葬儀場も休みがない状態だったのです。

被災者のなかには、家が流されて喪服のない人がたくさんいました。そのため初めのうちは、赤いセーターやジャージなどの支援物資を着て参列する人を気遣い、皆が普段着で葬儀に列席していました。ところが、１カ月が過ぎた頃から、被災しなかった皆さんが喪服を着始めたのです。無事だった方が長靴ではなく普通の靴を履き始めたり、化粧をしだしたりしたのもその頃でした。

そうなると、相変わらず避難所暮らしで喪服を用意できない人は肩身の狭い思いをするようになったのです。私は避難所で生活している人からそんな悩みを聞き、なんとかして喪服を売れないかと考えました。メーカーに協力を依頼し、できるだけ安い値段で仕入れる。そして会社が得る利益は可能な限り小さくして、困っている人にブラックフォーマルを提供しようと考えたのです。ところが、従業員からは大反対されました。このタイミングで喪服を売るなんて、世の中から何を言われるか、たまったものではないというのです。「人の足下を見て商売する、がめつい経営者だ」と批判されるというのです。

でも私は、そんなことはどうでもいいと思いました。なぜなら、お葬式で恥ずかしい思いをしている人々を助けることができるのです。お客さまを一人でも幸せにできるのであれば、私が陰口を叩かれることなど問題にはならない。そう考えて、喪服の販売を決意しました。

お客さまはとても喜んでくださいました。そして、私たちの取り組みを見て安心したのでしょう、洋服店などでもブラックフォーマルを次々に扱うようになりました。ある意味、私の会社が風よけとなったことで他社が後追いしやすい環境が生まれたと思っています。「誰のため」「何のため」という軸がぶれることなく、繰り返し考え抜く以外に道はないと、ここでも教わったのでした。人の心を思いやって三方よしで考えれば自ずと正しい道は見えてくると私は信じています。

## ユニークな開発ストーリーはすべての商品にある

　ここまで私は、きものを通じたストーリーについて語ってきました。きものは、その人の人生や周囲の人々との関係が色濃く投影されやすい面があります。ですから、比較的ストーリーを語りやすい商品だといえるかもしれません。ただ、ストーリーはきものの専売特許ではありません。どんな商品であっても、お客さまの心を動かすような物語を込めることができると思うのです。そして、必ずあるのは「開発ストーリー」です。

　私の会社もオリジナル商品の説明文で、開発の意図を積極的に伝える努力をしています。例えばタンクトップ型の補整専用肌着「補整くノ一　夏子」は、肌に触れるものを洗えない苦しみを解消するためにつくりました。当時、わたを使って胸元の補整着を手作りしている人がたくさんいたのですが、わたは水洗いするとへたってしまいます。現代の女性は清潔好き。身につける肌着を洗濯できないのは苦痛だろうと考え、水洗いができる麻のわたを探し出し、商品化したものなのです。ここまでの流れそのものが、ストーリーだとは思いませんか？　この商品は、「汗をたっぷり吸い込んだわた入りの肌着を洗えないのは嫌だ！」という不満を抱えていたお客さまに共感していただき、堂々のヒット商品となっています。

　ストーリーづくりと聞くと、何やら難しそうな印象をもつ人がいるかもしれません。でも、複雑に考え過ぎる必要はありません。どんなお客さまのどんな課題を解決したいのか。そして、それを実現するためにどんな工夫をしたのか。それらをしっかりと語れば、立派なストーリーになるのですから。

　ストーリーで大事なのは、「共感」です。映画や小説などで主人公に共感できない場合、物語を楽しむことは難しいものですが、それは商品づくりにも当てはまります。お客さまや関係者に共感していただけるストーリーをつくることが何より大切だと、この取り組みを通じて学びました。なにより、自分の行動に誇りがもてる、これに勝るものはないと思います。

［第6章］

# 「きものをやさしく　たのしく　おもしろく」。自社の理念をいつも胸に

## 正当な対価を得ることにひるまない

私の会社は今、企業理念をリニューアルしているところです。そこで「たかはしの信条」として挙げているのが、当たり前のことですが売り手によし・買い手によし・世間によしという「三方よし」です。

すでにお伝えしてきたように、私も従業員も常に、お客さまのために役立ちたいと考えながら仕事をしています。きものを着るために欠かせない肌着を、いかに便利で着心地のよいものにするか。同時に、少しでも優れた機能をもち合わせた商品を提供できるか。そこに徹底的にこだわっているのです。ただし、お客さまだけを優先し過ぎ、自社をおろそかにしてはいけません。また、取引先に無理な値引きや納期を強要したり、地域貢献を怠ったりするのも間違っています。買い手だけでなく、売り手と世間にも目を配ることに心血を注いでいるつもりです。

そこで強調しておきたいのが、商品の価値に見合った代金を、お客さまからきちんといただくべきだということです。実は私の会社では、アウトレット以外の値引きやセールをまったくしていません。自社のネットショップや直営店はもちろん、商品を卸している小売店などにも協力を仰ぎ信用のなかで値引き販売をしないようにお願いしています。最初から付けている定価こそが、商品にふさわしい金額だと信じているからです。

ただ、今でこそ適正な利益を得ることに抵抗感がなくなった私ですが、昔は違いました。当時は、お客さまから利益をいただくことに罪悪感を覚えていたのです。私の会社は呉服屋ではないので高級きものは扱っていませんでしたが、きものの誂えや染め変えなどにはかなりの費用がかかります。一方、若い頃の私は自分の仕事に価値があるとは信じきれず、「こんなにたくさんのお金をもらってもいいのだろうか？」「私の仕事には、お客さまからお金をいただくだけの価値があるのだろうか？」と悩んでいたのです。それが、お金をいただくことへの罪悪感を生んでいました。

こうした考え方を払拭できたのは、お客さまだった方から絵画展のイベントに誘われたのがきっかけでした。

そのときの私は絵を買う気などまったくなく、ただのお付き合いで会場に足を運んだだけでした。ところが絵を眺めているうちに、心をわしづかみにされるような作品に出会ったのです。その絵には、50万円の値札が付いていました。

　30代前半で経済的な余裕などなかった私にとって、50万円は大金でした。でも、結婚直後からコツコツ貯めた定期預金がちょうど満期を控えていて、それを充てれば買えないことはなかったのです。私は家族の了解を得て清水の舞台から飛び降りるつもりで絵を買いました。そして買った瞬間、「これはあとで悔やむだろうな……」と思ったのです。

　ところが、予想は大きく外れました。私は後悔するどころか、日を追うごとにワクワクしてきたのです。何日か経って絵が納品されお金を支払ったときも、なんのためらいもなく50万円を支払いました。そしてそのあとも、絵を眺めるたびにうれしい気持ちは続いたのです。


　このときの経験で、商売はギブアンドテイクだということが腑に落ちました。価値に見合った金額であれば、喜んで支払うのだと心から理解できたのです。そして、そこには売ってくれてありがとうという感謝がありました。私が売っているきもの関連の商品やサービスも、お客さまが喜んでいるのであれば、堂々と代金を受け取ってよいのだと、やっと自信がもてたのです。

事業者のなかには当時の私と同じように、儲けることを後ろめたいと考えている人もいます。しかし、適正利潤であれば、良い仕事を通してお客さまの役に立ち、それに見合った対価を得ることは絶対に正しいことなのです。そうして利益を積み上げ、それを商品開発やサービス向上のために投資し、社員を幸せにする。またさらに質の高い商品やサービスを提供する。そうした正のスパイラルを描くことは、経営者の大きな役割なのです。

## 外注先や地域社会にも貢献して「世間によし」を実現

私は常に、外注先と互いに尊重し合う関係を築こうとしています。今でこそ便宜上、支払日を設定していますが以前は請求書が来るとすぐに支払っていました。

こうした考え方は、先代である母譲りのものです。母のお金に対するポリシーは、「金は天下の回りもの」でした。「集金の人は手ぶらで帰してはいけない。そうして気持ちよくお金を回せば、必ず返ってくる。さらには、いざというときに必ず助けてもらえる」というのが、母の教えでした。

私がたかはしの経営を行うようになってから、母のやり方をずいぶんと変えました。しかし、まずは気持ちよくお金を出すということだけは、母の方針をかたく守り続けています。

地域貢献も、私の会社にとって重要な柱の一つです。微力ながらも参加すること、できることなら地域活動も積極的に手伝うよう社員にも勧めています。障がい者雇用も非力ながらいつも意識しています。もちろん、売上を伸ばして気仙沼に納税することは大きな目的になっています。

なぜ気仙沼にこだわるのか。おそらく、地元愛なのでしょう。若い頃は気仙沼から出ていくことばかりを考えていたのですが、ここで子どもを育て、さまざまな企業や人と一緒になってビジネスを行っていくなかで、気仙沼に育ててもらったのだという感謝と、気仙沼はやっぱりすばらしいと感じる意識が強まったのです。そして、その思いが決定的になったのが、やはり東日本大震災でした。津波で傷ついた仲間と支え合い、ともに復興を果たすことが私の今の願いです。

企業が、顧客や取引先、地域社会と互いに敬意と感謝をもち合えたら、全関係者が幸せになれると思うのです。そうした関係性ができれば、売上はあとから勝手についてくるのではないでしょうか。

## ＷＩＮ－ＷＩＮ－ＷＩＮの実現。「被災地に着物を贈ろうプロジェクト」

私は２０１２年から２０１３年にかけて、「被災地に着物を贈ろうプロジェクト」を立ち上げました**「図４、写真４」**。これは、全国からきものを集め、被災地の方々に配布する取り組みでした。

プロジェクトのきっかけは、従業員とのやりとりでした。彼女はきものが好きでうちに入社していました。でも津波ですべてを失い、「もう一生きものは着られない……」と私に言いました。腰紐1本からそろえようとすると、お金がたくさんかかってしまう。今の自分には、経済的にも精神的にもそんな余裕などないと落ち込んでいたのです。そこで私は、彼女にきものと帯を一年中困らないくらいプレゼントしました。すると、彼女は大喜びして、きものに合った草履をすぐに新調したのです。本当にすぐにです。

私はこのとき、「最初の一枚があれば、きものを失った被災者も前向きな気持ちになれるのでは」と思い立ちました。雑貨を目当てにお買い物するお客さまのなかには、家ごと流された方が多かったのですが、時折、「好きだけど、もうきものはいいや」とおっしゃる寂しそうなお顔を何度も見ていたのです。

一方都会では、たくさんのきものが収納された和箪笥を１棹１０００円という信じられない値段で買い取っていくのだという話を耳にしていました。おそらく売り手は、大きなスペースを取る和箪笥の処理に困り、やむなくリサイクル業者を呼ぶのでしょう。納得できるならいいのですが、そこにはご家族の思いも詰まっています。処分に踏み切れずにいる方も多くいることを知っていました。

そこで思いついたのが、「被災地に着物を贈ろうプロジェクト」です。被災地には、一着のきものがあれば前向きな気持ちになれる人が大勢いました。そして都会には、震災に対してなんの支援もしてあげられないと傷ついている優しい方が大勢いました。そしてそのなかには、もて余しているきものの所有者もいたのです。双方を結び付ければ、まさしく三方よしではないかと、私は考えました。

ただし、きもの関連の支援物資のなかには悲しいものもたくさんありました。思わず「被災地はゴミ箱じゃない」と言いたくなるような、黄ばみきった肌着などもありました。それらと対峙してつらい気持ちになっていたとき、妙案が浮かびました。当時のお取引先など各地の呉服屋さんに、きものを取りまとめてくださる拠点をお願いしてみたのです。思ったとおり、皆さん二つ返事で引き受けてくださいました。すべてのきものを直接こちらに送るのではなく、呉服屋さんに持ち込む形式です。そうなれば、あんまりだというものは持ち込まれない、その狙いは的中しました。協力してくださったお店は一所懸命状態のいいものを集めてくださいました。

きものは「思いをつなぐ」ことができるものの代表格です。だから商品の質だけでなく、誰からもらったかということも、とても大事でした。そこで頭をもう一捻りし、提供してくれた方にはお名前やご住所、メッセージを書き込んだ「お繋ぎカード」を付けていただくように手配しました**【図5】**。そして、きものをもらった被災者側は、はがきで構わな

［図4］「被災地に着物を贈ろうプロジェクト」のチラシ

# 笑顔と元気を「被災地に着物を贈ろう」へのご協力お願いします！

宮城・気仙沼の同業者である「たかはし」さんが発起人となって発足した「被災地に着物を贈ろう」プロジェクト。

当店では着物によって、つながり合う人と人を確認しあい、そして其れによって被災地の方々に元気になってもらいたいというこのプロジェクトを応援しています。

下記のメッセージをご一読頂きました上でご賛同・ご協力頂ければ幸いです。

**気仙沼　たかはし　店主　高橋和江**

昨年発生しました東日本大震災にて多くの方が被災し、大変苦しい生活を強いられることとなりました。しかし、そんな明日をも知れぬ状況の中でも、津波によって汚れてしまった着物の修繕をしたいと、弊社の店舗には連日たくさんのお客様がいらっしゃいました。その時、かなりの方がご家族など大切な方の面影をその着物に映し出していることに出合いました。

その傍ら、津波によって着物道具一式をすべて流されてしまい、もう着物を着る機会は無い、と落胆されていらっしゃる方のなんと多いことか…。当店のスタッフもそのひとりです。ある日彼女がつぶやいた『…私はもう一生着物なんて着られない…』の言葉は私の胸に刺さりました。

私は震災から半年ほど経ったある日、そのスタッフに私の着物や帯を差し出しました。それも年中着られるように、季節ごとの着物と帯を、です。その時の彼女の驚き様と言ったらありません。途端に彼女の顔が満面の笑と変わり、さっそく草履を新調したのには驚き、心から嬉しく思いました。

その時強く感じたのは、きっと始めの一枚があれば、また前向きな気持ちになれる方もたくさんいるのではないか…ということです。

今やそれは確信に変わりました。

**着物の力を最大限使い、この未曾有の状況のなかで少しでも元気になっていただくために皆様のタンスで眠っているお着物を差し出してはいただけないでしょうか。**

本来着物が持つ人と人、世代と世代をつなぐ力と、日本人の着物に対する底知れぬ愛着心をここに再発見しつつ、被災地を通して着物文化の発展に貢献していけたらと考えております。

敬具

記

- 『お繋ぎカード』をご用意いたしました。これに氏名、ご住所、そのお着物に纏わるエピソードやメッセージなどを記載していただき着物と一緒に被災地に送ります。それをもとにお着物を受け取った方からお礼のハガキが届きます。（ただし、お礼のハガキにつきましては、取りまとめ店及び、㈲たかはしがそれを確約するものではございません。ご了承下さい。）
- お持ち込み最終期日は8月18日とさせていただきます。

以上

取りまとめ店

㈲たかはし

### ［写真4］「被災地に着物を贈ろうプロジェクト」の様子

### ［図5］お繋ぎカード

取りまとめ店

「被災地に着物を贈ろうプロジェクト」
お繋ぎカード

| | |
|---|---|
| 住　所：〒　－ | |
| ふりがな：<br>氏　名： | ※「人を繋ぐ」目的のため、ご記入をお願いしております。 |

| | | | |
|---|---|---|---|
| お品物の種類・寸法 | 着物　・　コート　・　帯　・　その他　（　　　） | | |
| 身丈：　Cm | 裄（ゆき）：　Cm | ：　Cm | ※記入はセンチメートルでお願い致します。 |
| この商品にまつわるエピソードやメッセージなどをご記入ください。 | | | |

有限会社 たかはし

いからお礼状を出すというルールにしたのです。これにより、本当にいいご縁の輪が広がりました。なかには、きものを着た写真を送った人もいましたし、ここでのやりとりがきっかけで新たな交流が生まれたケースもありました。また、プロジェクトに参加していただいた呉服屋さんやメーカーさんにも、きものに携わる仕事への誇りがもてたと喜んでいただきました。被災者、きものの提供者、そしてきもの業界関係者の全員に喜んでいただけた、まさにＷＩＮ-ＷＩＮ-ＷＩＮになったのではないかと思います。

## 自社の利益だけにこだわらず業界全体の成長を意識する

衰退産業では、「風が吹けば桶屋が儲かる」式の発想が有効です。目の前にある利益だけを追い求めると、うまくいったとしても想定した分しか返ってはきません。私が曲がりなりにも、肌着メーカーとして立っていられるのは、当初から業界の役に立ちたいという思いに支えられていたからです。

今、取り組んでいるのは一般社団法人きものの未来協議会の活動です。これは有志で立ち上げた業界に貢献するための会なのです。代表理事はきものの作家で花想容店主でもある

［写真5］きものの未来塾　受講の様子

中野光太郎さん。副理事長に私、きもの雑誌の編集長、堀留問屋や室町メーカーの社長、着付け塾やきもの学園など、業界のなかでも違う立場で集まったメンバーです。

現在、この会が柱としている活動は、日本橋で開催している「東京キモノショー」というきもののイベントと、私が塾長で講師も務めさせてもらっている「きものの未来塾」です［写真5］。これは呉服店などきもの業界関係者に向けた勉強会で、きもの関連企業の経営者や実力派のバイヤー、きものや織物のメーカーなどが講師を務めています。カリキュラムは、きものや帯、染め物などの知識、悉皆のあれこれ、仕立てなどについての実践学習など多彩。定員は10人程度の少人数制です。

本業が忙しいなか、きものの未来塾を運営するのは容易なことではありません。それでもなんとか時間をつくって取り組んでいるのは、きもの業界をより良く変えたいと考える人を一人でも増やし、つながりたいからです。産業全体が右肩下がりになっているなか、自分だけで生き残ろうとしても絶対にうまくいきません。同じ志をもつ人とスクラムを組むことは本当に心強いものです。

しかし、準備を重ねてきた「東京キモノショー」はコロナ禍で中止しましたし、次の開催の見通しも立っていません。きものの未来塾もしかりです。人が集まれないこの苦境をどうやってチャンスに変え、乗り切るか。それともじっと待つのか、私たちの意思が試されているのだと思います。

衰退産業に限った話ではありませんが、現代は本物が見分けられていく時代なのではと思っています。経済的なダメージが大きい今だからこそ、正直で誠実な姿勢と、的確な戦略が重要だと感じています。

古くからのきもの業界では分業制が邪魔をし、縦横の仕事が見えず、結果、作り手・売り手の都合を優先したような状況が生まれました。またある時期には、不誠実な商売でお客さまから不信感をもたれるケースが目立ったこともありました。だからこそ、です。小さなことでもコツコツと積み上げ、信用に向かう以外の手立てはないのだと思います。今は、ＳＮＳなどを通じてさまざまな情報がすぐに拡散される時代です。嘘や隠し事はいずれ見分けられてしまいます。いえ、そうであるべきです。

私も私の会社も、まだまだ修行半ばです。日々、うまくいかないことだらけでご迷惑をかけまくっています。それでも腐らず、「きものをやさしく　たのしく　おもしろく」を目指して、多くの人にワクワク感、幸福感を届ける。そうした企業の核となる部分を、これからも追求していくつもりです。

やはり私はきものを家族のように愛していて、衰退産業といわれてもきもの産業の未来に可能性を感じています。これからこの業界がどのように続いていくのかを考えるとワクワクします。「あとは上がるしかない」と思えるのは衰退産業ならではの醍醐味かもしれません。

## おわりに

10代から20代前半まで、私はずっと「暗黒期」でした。

小さな頃から、自分を上手に表現することが苦手な子でした。相手に何かを伝えたいのに、思うように言葉が出なかったときは、私はなんてダメな人間だろうと悲しい気持ちになったものです。また、自意識が強く、人と比べてコンプレックスを感じることだらけでした。なかでも、いつも劣等感を感じていたのは、優等生だった姉に対してでした。離れた場所で暮らし、互いに家族ができた今では、姉は私にとって最大の理解者になっているのですが、幼かった頃は姉と比較されるたび、親にも姉にも反発をしていたものでした。

子どもの頃の私は、コンプレックスの塊でした。中・高校生の頃は、体型が悩みの種で、「足が太くてみっともない」という思い込みから抜け出せませんでした。身長が高い割に体重はそこまで重くはありませんでしたから、客観的に見ればむしろ痩せ型だったはずです。しかし当時は、フレアスカートなど足を隠す服しか着られなかったほどです。

ところがある日、私の思い込みは突然吹き飛ばされました。友人からなぜジーパンをはかないのかと聞かれ、「足が太いから……」と答えたところ、友人はあきれ顔で「全然太くなんかないよ。どうしてそんなことを気にするの？」と大笑いしたのです。あの人を見て、この人も。みんな、和江ちゃんより足が太いよと。私は、心の蓋が突然吹き飛んだような気がしました。そしてその夜、地味なボブカットだった髪を自分でウルフカットにし、さらに翌日、意気揚々とジーパンを買いに出たのです。そのときの爽快感！　自分の鎧を脱ぐという素敵な感覚を両手でガツンとつかんだ思いがしました。

私は気づかないうちに、自分に対して手かせ足かせをはめ、重い鎧を着ていました。誰から押しつけられたというわけではなく、なぜそういう思考に陥ったのかも、よく分かりません。常識的とはなんなのか、自らを表現するってどういうことなのか。若い頃は、そんなことを悶々と考え続ける日々でした。芝居をやったりバイクを乗り回したりしていたため、周囲からは好き勝手に楽しく過ごしているように見えたかもしれません。しかし心のなかでは、常に劣等感と、そこから生まれたフラストレーションを背負っていたのです。

自分への手かせ足かせから自由になれたのは、離婚がきっかけだったことは先にお話ししました。格好をつけている場合ではないと開き直れたおかげで、私は世間体などどうでもいいという気持ちに切り替えられたのです。すると、生きることが楽しく、楽になりました。そして、周りの意向に惑わされることなく、素直に自分のやるべきことをやろうと思えるようになったのです。

世の中には昔の私のように、自分で自分に足かせをはめている方がたくさんいると思います。経営者のなかにも、常識や世間体という枠にとらわれて動けずにいる方がいるでしょう。そういう方たちにエールを送りたい。いらない衣を脱ぎ捨てて自由になることで、働くことはもっと楽しくなるし、社会にも貢献できる。そうした思いを伝えたいと思い、今回、私はこの本を書こうと考えました。

私の座右の銘は「苦難福門」です。苦難は幸福につながる門、つまり、苦労をしたあとは必ず良いことが起こるという意味です。ただし、幸福につながる門を通るためには条件があります。それは、自分自身を飾らず、素のままで行動しなければいけないということと、目を背けずに向かっていくということです。体裁を取り繕おうとして心に幾重もの衣を着込み、身動きがとれないような状態では前には進めません。私は、いくつかの苦難を経験してきました。しかし、それらの経験があったからこそ、今の有意義な人生が送れているのだと、心の底から感謝しています。

今回、この本の執筆中に、社員の幸せと働きがい、社会への貢献を大切にする企業を増やしたいという趣旨で運営されている「ホワイト企業大賞」の特別賞をいただきました。受賞タイトルは「心を一つに。感動を届けるものづくり賞」というものでした。新社屋も建設しているなかで、しっかりしろよと背中を押していただいた気がします。

「一つひとつ、丁寧に、真心こめて」、ご縁のある方々すべてと手を携えて歩み続けます。

この本を書くにあたって、たくさんの方々の支えをいただきました。きものを通じてご縁を結ばせていただいているさまざまな皆さん。商品の生産・改良にいつも手を貸していただいている工場・職人の皆さん。従業員や、私の思いをお客さまに届けてくれるアドバイザー。そして、母や3人の子どもたち。皆さんに心からのお礼を申し上げます。本当にありがとうございました。

**髙橋和江**（たかはし　かずえ）
有限会社たかはし代表／和装肌着製造メーカー「たかはしきもの工房」代表／きものナビゲーター
宮城県気仙沼市で京染悉皆屋を営みつつ、2005年にオリジナル和装肌着「満点スリップ」を開発・販売。現在メーカーとして、80以上のオリジナルアイテムを生み出し、全国のきものファンから支持を得ている。一般社団法人きものの未来協議会を仲間と立ち上げ、イベントや、専門店のためのきもの塾の開催など、きものナビゲーターとして活動を広げている。
著書に『大人気の悉皆屋さんが教える！　着物まわりのお手入れ』（河出書房新社刊）、『人気の悉皆屋女将に教わる　初めてのリサイクル着物　選び方&お手入れお直し』（世界文化社刊）、『手ほどき七緒　「たかはしきもの工房」髙橋和江さんの十人十色の「補整」術』（プレジデント社刊）、『きものの不安をスッキリ解決！　きものの「しきたり」がわかれば、「日常」でも自由に楽しめる』（河出書房新社刊）がある。

本書についての
ご意見・ご感想はコチラ

# 衰退産業でヒット商品を生み出す4つの法則

二〇二一年三月一一日　第一刷発行

著　者　髙橋和江
発行人　久保田貴幸
発行元　株式会社　幻冬舎メディアコンサルティング
〒一五一-〇〇五一　東京都渋谷区千駄ヶ谷四-九-七
電話　〇三-五四一一-六四四〇（編集）
発売元　株式会社　幻冬舎
〒一五一-〇〇五一　東京都渋谷区千駄ヶ谷四-九-七
電話　〇三-五四一一-六二二二（営業）
印刷・製本　シナノ書籍印刷株式会社
装　丁　株式会社　幻冬舎デザインプロ

検印廃止

Printed in Japan　ISBN 978-4-344-93228-9 C0034
幻冬舎メディアコンサルティングＨＰ　http://www.gentosha-mc.com/